SEHEN · STAUNEN · WISSEN

LAND-WIRTSCHAFT

Drehbutterfass

Zwei Tage alte Ferkel

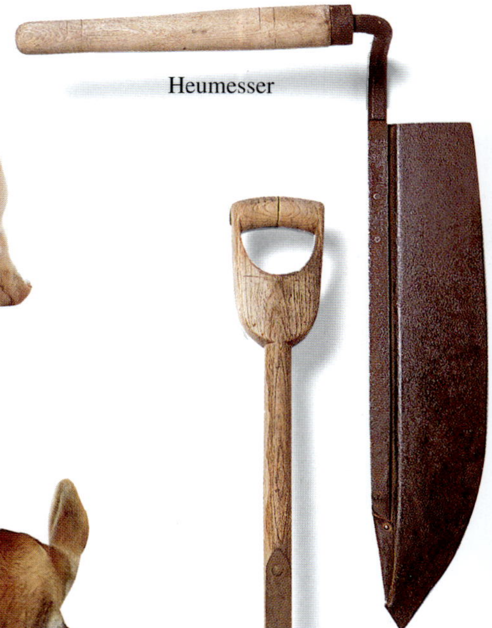

Heumesser

Schafglocke

Jersey-Rind mit Kalb (Kreuzung zwischen Jersey und British White)

Kartoffelgabel

Sämaschine (19.Jh.)

Gloucestershire-Old-Spots-Schwein

SEHEN · STAUNEN · WISSEN

Acht Tage alte Küken

Butterstempel

LAND-WIRTSCHAFT

Von Nutztieren und Maschinen, vom Säen und Ernten

Text von Ned Halley
Fotos von Geoff Brightling

Brahma-Henne und -Hahn

Gerstenberg Verlag

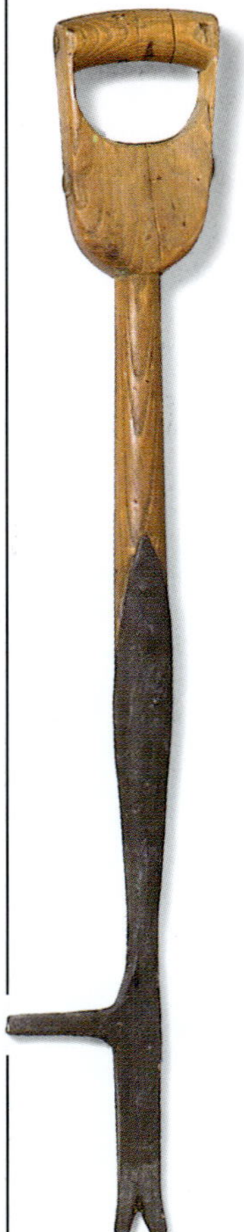

Grabgabel für langwurzelige Unkräuter

Grabgabel für Pastinaken und andere Wurzelgemüse

Gelber Orpington-Hahn

Heugabel

Bibliografische Information Der Deutschen Bibliothek

Die Deutsche Bibliothek verzeichnet diese Publikation in der Deutschen Nationalbibliografie; detaillierte bibliografische Daten sind im Internet über *http://dnb.ddb.de* abrufbar.

Ein Dorling-Kindersley-Buch
Originaltitel: Eyewitness Guides: Farm

Lektorat: Caroline Beattie und David Pickering, Gillian Denton
Fachliche Beratung: Martin Collier
Recherche: Céline Carez
Layout und Gestaltung: Sharon Spencer, Julia Harris
Herstellung: Charlotte Trail
Bildredaktion: Cynthia Hole
Zusätzliche Fotos: Geoff Dann, Peter Anderson, Gary Ombler

Aus dem Englischen von
Margot Wilhelmi, Sulingen

Satz: Gerstenberg Druck GmbH, Hildesheim
Printed in China
ISBN 3-8067-4584-6

03 04 05 06 07 5 4 3 2 1

Butterstempel

Stampfbutterfass

Greyface-Dartmoor-Schaf

Lämmer (Kreuzung zwischen Dartmoor und Manx Loghtan)

Inhalt

Häckselmaschine

Die ersten Bauern

Als sich vor über 10.000 Jahren Menschen im Nahen Osten als Ackerbauern und Viehzüchter niederließen, nahm damit nicht nur die Landwirtschaft der Alten Welt ihren Anfang, sondern auch die Kulturgeschichte der Menschheit. Man entdeckte, dass sich Gräser wie Emmer und Einkorn, deren Körner schon die Sammler und Jäger genutzt hatten, an fruchtbaren Stellen anbauen und die Erträge durch Züchtung steigern lassen. Bodenvorbereitung, gezielter Anbau und Vorratshaltung machten ein sesshaftes Leben möglich. Zu den ältesten Haustieren gehören neben dem Hund das Schaf, die Ziege und das Rind. Sie wurden gezähmt und einer gezielten Zuchtwahl unterzogen. Ihr Nutzen: Sie lieferten Fleisch, Milch und Felle für Kleidung. Da die Bauern nicht mehr wie ihre Vorfahren umherstreifen mussten, konnten sie Dauersiedlungen bauen. Und da die Landwirtschaft die Produktion von mehr Nahrung ermöglichte, als eine Familie benötigte, entstanden neue Berufe. So entwickelten sich das Bauwesen und der Handel. Diese „Neolithische (Jungsteinzeitliche) Revolution“ vollzog sich unabhängig voneinander im Nahen Osten, in China und in Mittelamerika.

BAUERNDORF
Die Landwirtschaft brachte Wohlstand und dieser ermöglichte die Gründung der ersten Städte. In Çatal Hüyük/Türkei schmiegten sich schon um 6000 v.Chr. über 1000 Häuser aneinander, in die man über Dachleitern gelangte. Die meisten Einwohner trieben Ackerbau oder Viehzucht. Einige aber stellten Kleidung, Keramik, Werkzeuge oder Waffen her und tauschten sie mit den Bauern gegen Nahrung.

WELTHANDEL
Die Ägypter trieben im In- und Ausland regen Handel mit landwirtschaftlichen Erzeugnissen, die auf dem Land- oder auf dem Seeweg transportiert wurden. Hier wird der Ertrag einer Kornernte „gemessen“ und von Schreibern aufgezeichnet.

Auf dieser Illustration aus dem 14.Jh. werden Schafe in ihrem Pferch gemolken.

WERTVOLLE TIERE
Die Schafzucht begann in der Steinzeit im Gebiet des heutigen Iran. Von dort breitete sich das Hausschaf in den nächsten Jahrtausenden in ganz Europa und Asien aus. Schafe lieferten Fleisch, Milch, Felle und Mist; etwa ab dem 6.Jt.v.Chr. nutzte man sie auch zur Wollgewinnung.

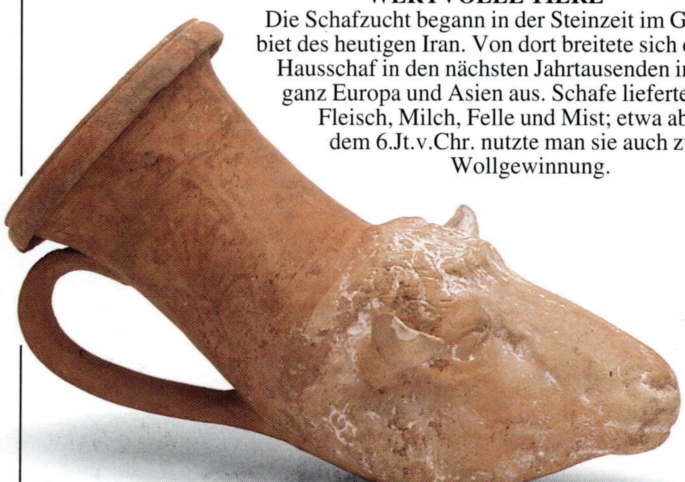

Trinkgefäß in Form eines Schafskopfs (aus dem alten Griechenland)

Emmer war im klassischen Altertum die am weitesten verbreitete Weizensorte.

GRASSAMEN
Weizen, Hafer, Gerste, Roggen, Reis, Mais und Hirse waren ursprünglich wilde Gräser. Wie andere Gräser produzieren sie essbare Samen. Vielerorts bezeichnet man das jeweils wichtigste Getreide als „Korn“ (engl. *corn*). Bei uns ist es der Roggen, in England der Weizen, in Irland der Hafer und in Nordamerika der Mais.

Shorthorn-Rind mit Besitzer (19.Jh.)

ALT UND BEWÄHRT

Bis im 18.Jh. in Europa Maschinen erfunden wurden, hatte sich in der Landwirtschaft seit der Steinzeit nur wenig verändert. In vielen Teilen der Welt entsprechen noch heute die Geräte und Methoden der Bauern denen von vor 2000 Jahren. Wo das Gelände für Maschinen zu unwegsam ist oder Maschinen zu teuer sind, spielen traditionelle Anbaumethoden weiterhin eine große Rolle.

Aussaat mit der Hand

TIERE NACH WUNSCH

Der britische Landwirt John Bakewell (1725–1795) gilt als einer der Begründer der wissenschaftlichen Tierzucht. Ziel der Tierzüchter im 18.Jh. war zunächst die Zucht von Rindern, die mehr Milch oder besseres Fleisch produzierten (oder beides). Viele bekannte Nutztierrassen, die heute in aller Welt gehalten werden, stammen aus jener Zeit – Rinder, Schafe, Schweine und Kaltblutpferde. Diese ersten Züchter konzentrierten sich allerdings oft auf ein einziges Zuchtziel wie Gewicht oder Größe, sodass die Tiere etwas seltsam aussahen. Die Malerei jener Zeit betonte diese Züge, sodass sie auf Bildern noch merkwürdiger anmuten.

Mann und Frau bei der Ernte

Die Schafschur war vor der Erfindung von Maschinen anstrengend für Scherer und Tier.

Hühnermosaik aus einer etwa 2000 Jahre alten römischen Pflasterung

KOPF ZUM TRINKEN

Haustiere lieferten seit jeher Motive für die Kunst und wurden in heidnischen Riten verehrt. Dieses griechische Trinkgefäß hat die Form eines Stierkopfs.

VOM DSCHUNGEL- ZUM WECKTIER

Das Haushuhn, das vor über 4000 Jahren in China in den Hausstand übernommen wurde, wird heute wegen seiner Eier und seines Fleischs überall gehalten. Es stammt vom Bankivahuhn ab, das in den Wäldern Indiens und Südostasiens lebt. Mit dem Hahnenschrei begann früher auf dem Bauernhof der neue Tag.

Arbeitstiere

ESELSSCHICKSAL
In vielen Ländern tragen Esel noch immer Lasten wie schon seit Jahrtausenden. Der Hausesel stammt vom einst in Nordafrika und im Nahen Osten weit verbreiteten Wildesel ab. Als Lasttier dient er seit dem klassischen Altertum. Noch heute tragen allein in Griechenland 250.000 Esel geduldig Lasten – wie dieser auf der Insel Korfu.

Rinder wurden schon vor etwa 9000 Jahren, Pferde vor etwa 5000 Jahren in den Hausstand übernommen. Als man um 3500 v.Chr. Rinder vor den Pflug zu spannen begann, entstanden die ersten Felder mit langen, geraden Furchen. Die frühen von Rindern oder Pferden gezogenen Karren ermöglichten den Transport viel größerer Lasten als zuvor und förderten die Entwicklung des Handels. Als Zugtiere dienten nicht nur Ochsen (männliche Rinder, vor allem kastrierte), sondern auch Kühe. Die Rinder leisteten geduldig Zugarbeit und lieferten nach ihrem Tod Fleisch und Felle, Kühe konnte man außerdem melken. Im 18. Jahrhundert traten Kaltblutpferde an die Stelle der Rinder, weil sie die neuen landwirtschaftlichen Geräte wie Eisenpflug, Sämaschine und Egge besser ziehen können. Im 20. Jahrhundert wiederum verdrängten die viel stärkeren Traktoren die Pferde. In ärmeren Ländern aber spannt man noch heute Tiere vor Pflug und Karren.

EINE PFERDESTÄRKE (PS)
Mit solchen zweirädrigen Karren konnte man eine Ladung von 0,5 t Gewicht transportieren: Rüben, Kartoffeln, Heu, Getreide oder auch Mist zum Düngen der Felder. Mit Hilfe von aufgesteckten „Leitern“ konnte man den Wagen hoch beladen. Vierrädrige Wagen trugen bis zu 4 t Ladung.

Halsbogen aus starkem, aber elastischem Eschenholz

Eine an diesem Ring befestigte schwere Kette verband das Joch mit dem Wagen.

Das geschwungene Ochsenjoch liegt auf den Schultern der Tiere.

IM JOCH
Ochsen wurden meist zu zweit vor Pflüge und Wagen gespannt. Bei schweren Lasten spannte man bis zu acht Tiere ein. Dazu legte man jeweils zwei Tieren ein hölzernes Joch über den Nacken. Dann bekam jedes Tier einen Halsbogen um den Hals, der durch zwei Löcher im Joch gesteckt wurde. So war die Last verteilt und konnten die Tiere nicht ausbrechen. Als seit dem 18.Jh. in Europa Pferde die Ochsen als Zugtiere verdrängten, versuchte man größere und stärkere Rinder zu züchten, aber kein Rind konnte es mit den Kaltblütern aufnehmen.

Mit einem festen Kummet aufgeschirrt, traten die Pferde auf der Stelle. Die Tretmühle drehte sich und trieb eine Dreschmaschine an.

ROSSWERK
Mit zunehmender Maschinisierung der Landwirtschaft fand man immer neue Verwendungszwecke für Pferde. Diese belgische Dreschmaschine (um 1875) wurde von einem Tretwerk angetrieben. Pferde hielten mit ihren Schritten eine Art riesiges Förderband in Gang.

Scheuklappen

Das ledergepolsterte Kummet verteilte die Last auf Schultern und Brust des Pferds, ohne ihm die Luft abzudrücken.

SICH INS GESCHIRR LEGEN
Zugpferde werden schrittweise abgerichtet. Zuerst lernen sie eine Egge oder einen Pflug zu ziehen. Erst dann spannt man sie vor den Wagen. Sie sind mit sechs Jahren erwachsen und können 20 Jahre alt werden, ebenso alt wie ein Traktor. Im Gegensatz zum Traktor benötigt ein Pferd nur Heu und Gras als „Treibstoff“ (und ein paar Zusätze wie Hackfrüchte und Kalzium für die Knochen).

Der Traktor

Im späten 19. Jahrhundert wurden die ersten Traktoren gebaut – Maschinen, die das Pflügen, Eggen, Ernten und etliche andere Arbeiten enorm erleichtern. In den 1920er-Jahren fuhren dann die ersten modernen Allzwecktraktoren über die Felder. Innerhalb einer Generation verbannten Traktoren als Zugmaschinen die Zugpferde in die Geschichtsbücher. Die heutigen Traktoren sind noch wesentlich vielseitiger und stärker als die alten Modelle. Maschinen mit über 100 Pferdestärken sind üblich und solche mit 300 PS keine Seltenheit mehr. Außerdem gibt es zahlreiche Zusatzgeräte: vom Kreiselmäher bis zur Baggerschaufel (Frontlader).

UNTER DAMPF
Lange vor der Erfindung des Traktors, nämlich schon vor über 200 Jahren, wurden in der Landwirtschaft Dampfmaschinen eingesetzt. Ihr Nutzen war allerdings begrenzt, weil sie so schwer waren und tonnenweise Kohle und Wasser verbrauchten. Mit Dampfkraft wurden Pflüge und andere Geräte über die Felder gezogen. Mit Fowlers Dampfpflug (oben) bearbeiteten die Landwirte seit etwa 1860 ihre Felder (S.12–13). Zwei Dampfmaschinen standen an den Enden des Felds und zogen einen Pflug mit sechs Scharen hin und her. Im Gegensatz zum modernen Traktor konnten sie wegen ihres Gewichts nicht selbst über den Acker fahren.

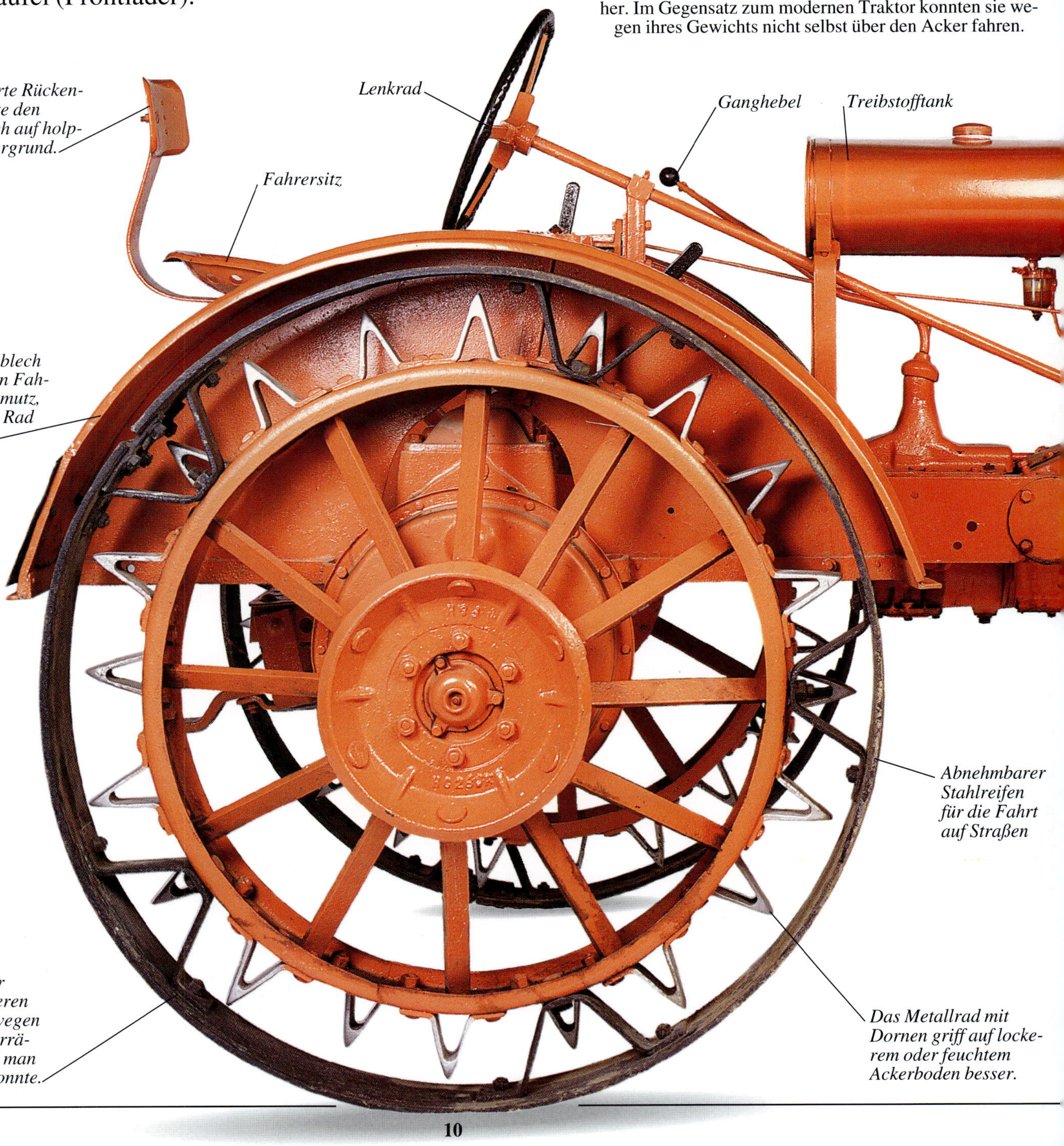

LANDMASCHINE VON FORD
Der Fordson war einer der ersten in Großserie gebauten Traktoren. Seit 1916 wurde er vom amerikanischen Autohersteller Ford produziert und weltweit verkauft. Er pflügte mit 4,5 km/h und wog etwas mehr als 1 t. Der Fordson lief mit Paraffin, das damals billiger war als Benzin, und konnte mit einer Tankfüllung 3 ha umpflügen. Heutige Dieselschlepper sind viel effizienter.

GEWICHTHEBER
Traktoren verrichten Arbeiten, an die mit Pferden nicht zu denken war, wie das Heben solcher Silageballen (S.34–35). Mit hydraulischen Zusatzgeräten können sie tonnenschwere Lasten heben und transportieren.

Der Frontlader wird hydraulisch betrieben: Mit einer Pumpe wird Öl in einen Zylinder gepresst, der den Lastarm emporddrückt.

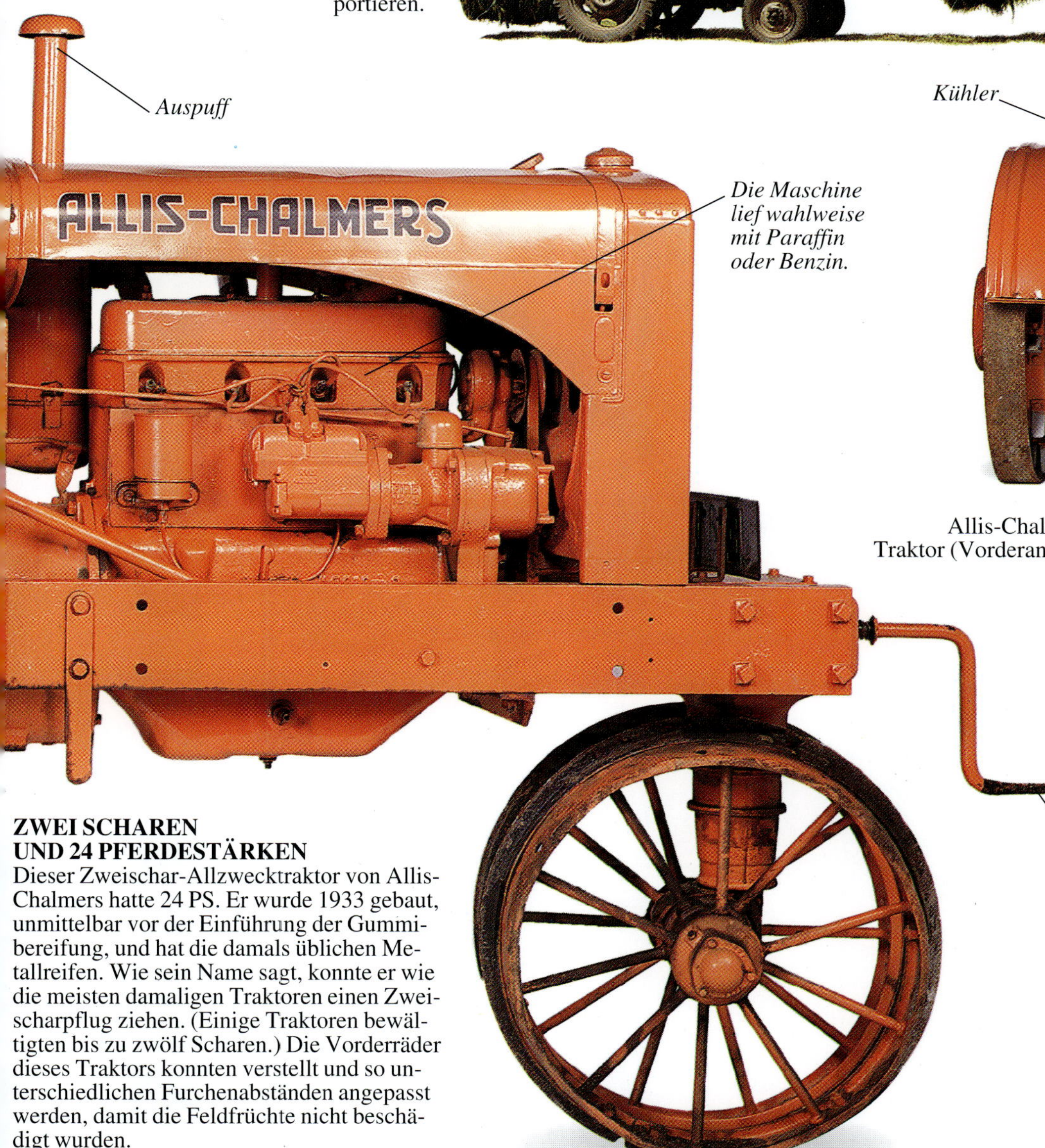

Auspuff

Die Maschine lief wahlweise mit Paraffin oder Benzin.

Anlasserkurbel: Der Bauer musste sie zum Anlassen drehen.

Kühler

Allis-Chalmers-Traktor (Vorderansicht)

Die vorspringenden Radinnenränder sollten das Wenden erleichtern.

ZWEI SCHAREN UND 24 PFERDESTÄRKEN
Dieser Zweischar-Allzwecktraktor von Allis-Chalmers hatte 24 PS. Er wurde 1933 gebaut, unmittelbar vor der Einführung der Gummibereifung, und hat die damals üblichen Metallreifen. Wie sein Name sagt, konnte er wie die meisten damaligen Traktoren einen Zweischarpflug ziehen. (Einige Traktoren bewältigten bis zu zwölf Scharen.) Die Vorderräder dieses Traktors konnten verstellt und so unterschiedlichen Furchenabständen angepasst werden, damit die Feldfrüchte nicht beschädigt wurden.

DOPPELTER NUTZEN
Moderne Traktoren sind so stark, dass sie mit zwei Anbaugeräten gleichzeitig arbeiten können. Diese Maschinen werden meist am Traktor angekoppelt und hydraulisch betrieben.

Der Pflug

Die Erfindung des Pflugs ist in der Geschichte der Menschheit von ebenso großer Bedeutung wie die Erfindung des Rads. Der Pflug lockert den Boden und bereitet ihn so für die Aussaat vor. Als die Menschen der Frühzeit lernten, den Boden mit einer Geweihstange oder einem Grabholz aufzubrechen, konnten sie ihr Land Jahr für Jahr bebauen und sesshaft werden. Der erste einfache Hakenpflug, erfunden im Nahen Osten, war kaum mehr als ein abgewinkelter zugespitzter Grabstock. Den großen Durchbruch brachten in China vor etwa 2000 Jahren Pflüge, deren (nun eiserne) Spitze zu einer Schar abgeplattet war. Damit ließ sich der Boden aufschneiden und wenden. Noch im frühen 19. Jahrhundert bestanden Pflüge bis auf die eiserne Schar aus Holz. Dann begannen Fabriken Ganzeisenmodelle herzustellen. Das Funktionsprinzip des Pflugs aber hat sich seit dem Altertum kaum verändert.

DIE ERSTEN PFLÜGE
Die alten Ägypter gehörten zu den ersten Völkern, die Tiere vor den Pflug spannten. Solche Hakenpflüge wurden möglicherweise schon vor 8000 Jahren von Rindern über die Äcker des Niltals gezogen.

Die Zugstange wurde verlängert und am Gehörn des Ochsengespanns befestigt.

Dieser alte Pflug hat eine Holzspitze zum Aufbrechen des Bodens, noch keine abgeflachte Schar.

SCHWERGEWICHT
Das Prinzip des Furchenpflugs mit Schar und Sech, wie wir ihn heute kennen, stammt aus der Römerzeit. Pflüge wie das mittelalterliche Modell (rechts) waren sehr schwer. Man brauchte acht Ochsen, um sie zu ziehen.

Das Sech schnitt den Boden vor der Schar senkrecht auf.

Die Schar schnitt waagerecht in die Scholle.

METALLZEITALTER
Im 19.Jh. begann die Fabrikherstellung von Ganzmetallpflügen, die von ein oder zwei Pferden gezogen werden konnten. Sie hatten verstellbare Räder und Scharen für verschiedene Furchentiefen. Das Sech schnitt senkrecht in den Boden, die Schar waagerecht. Das Streichblech griff unter die Scholle, hob sie an, drückte sie seitlich ab, wendete sie und legte sie ab.

Das Streichblech wendete die Scholle. Bei alten Holzpflügen diente dazu ein Holzbrett.

Die Zugkette wurde mit dem Geschirr verbunden.

Die Schar schnitt die Scholle waagerecht ab und ließ sie auf das Streichblech gleiten.

Das messerartige Sech schnitt vor der Schar senkrecht in den Boden.

Sechsschar-Kipp-Pflug

Lenkräder an jedem Ende ermöglichten es, gerade Furchen zu pflügen.

Am Ende des Feldes wechselte der Fahrer auf den anderen Sitz.

MIT DAMPFKRAFT
Der englische Ingenieur John Fowler konstruierte um 1860 ein Zweimaschinensystem, bei dem zwei an beiden Seiten des Felds aufgestellte Dampflokomotiven einen sechsscharigen Kipp-Pflug an einem Stahlseil über das Feld zogen. Um direkt auf dem Feld zu fahren, waren die Dampfmaschinen zu schwer. Der Dampfpflug verrichtete in einer Stunde die Pflügearbeit, für die ein Pferdegespann einen Tag brauchte, doch er war nur für Großbauern rentabel. In Deutschland wurde der erste Dampfpflug 1868 eingesetzt; er kostete damals 36.000 Mark (das entspräche heute 4 Mio. DM).

ZEITLOSE ARBEIT *links*

Seit Jahrtausenden hat das Pflügen seinen festen Platz im Wechsel der Jahreszeiten, und auch wenn sich die Technik seither verändert hat – die Notwendigkeit und das Prinzip des Pflügens sind die gleichen geblieben. Der hier abgebildete einfache Abstechpflug ist eine Art langer Spaten, mit dem man die Stoppelhalme vom abgeernteten Getreidefeld stach, um sie zur Bekämpfung von Unkraut und tierischen Schädlingen zu verbrennen. Ein Mann brauchte mit diesem Gerät für 1 ha (10.000 m^2) zweieinhalb Wochen. Trotzdem fanden solche Abstech- oder Rasenpflüge bis in die 1930er-Jahre Verwendung.

Der Abstechpflug wurde mit den Oberschenkeln geschoben, die bei der Arbeit durch Polster geschützt waren.

Der Abstechpflug war im Grunde ein 2 m langer Spaten.

FÜRS NÄCHSTE JAHR

Mit dem Pflügen im Herbst beginnt die neue Ackerbausaison. Der winterliche Frost tötet das Unkraut in der aufgebrochenen Erde ab. Wind, Frost und Regen zerkleinern die oberste Erdschicht. Unterirdische Schädlinge werden durch das Pflügen aufgescheucht oder freigelegt und von Vögeln dezimiert. Die Vögel folgen dem Traktor furchtlos und picken fette Maden auf, sobald diese sichtbar werden. Nach dem Pflügen werden die großen Schollen mit Eggen und Walzen zerkleinert und die Oberfläche wird vor dem Säen geebnet.

GEMISCHTES GESPANN

Anfangs spannte man nur Rinder vor den Pflug, mit der Erfindung des Kummets konnte man dann auch Pferde einsetzen. Seltener fanden Kamele und Lamas dafür Verwendung. Heute haben vielerorts Maschinen die Tiere abgelöst.

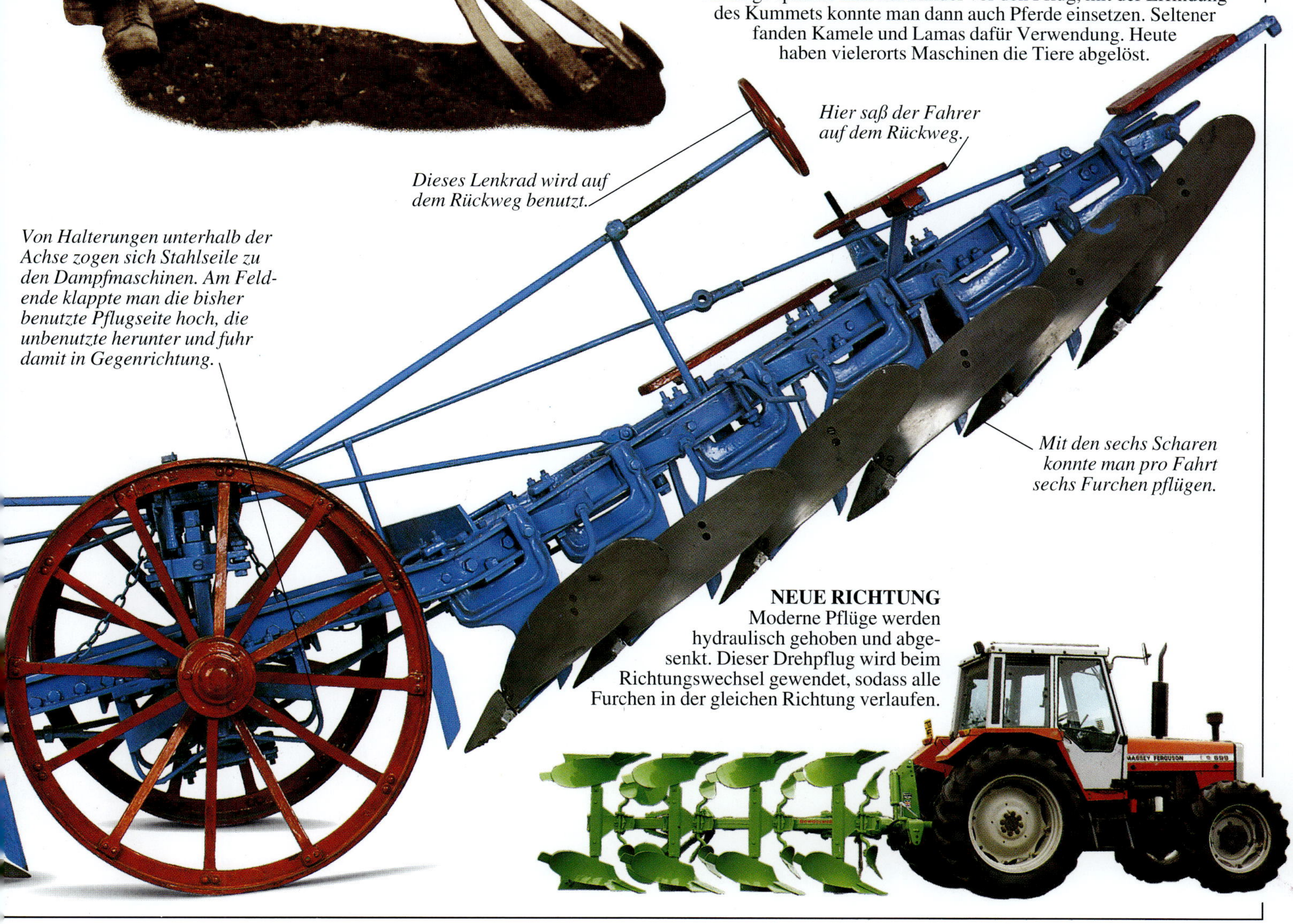

Hier saß der Fahrer auf dem Rückweg.

Dieses Lenkrad wird auf dem Rückweg benutzt.

Von Halterungen unterhalb der Achse zogen sich Stahlseile zu den Dampfmaschinen. Am Feldende klappte man die bisher benutzte Pflugseite hoch, die unbenutzte herunter und fuhr damit in Gegenrichtung.

Mit den sechs Scharen konnte man pro Fahrt sechs Furchen pflügen.

NEUE RICHTUNG

Moderne Pflüge werden hydraulisch gehoben und abgesenkt. Dieser Drehpflug wird beim Richtungswechsel gewendet, sodass alle Furchen in der gleichen Richtung verlaufen.

Felder und Böden

Die Äcker der Steinzeit waren quadratisch, weil die Bauern die Erde quer und längs pflügen mußten. Mit der Erfindung von Wendepflügen wurde das überflüssig und die Felder wurden länger. Jahrhundertelang war das Ackerland in lange Streifen aufgeteilt, die einzelne Familien für ihren Lebensunterhalt bebauten. Im Zeitalter der industriellen Revolution (18./19. Jahrhundert) kam es in Europa dann zu einem Wandel. Die Städte wuchsen und mit ihnen der Nahrungsbedarf. Man legte weitläufige Felder an, die man mit neuen Geräten effektiv bewirtschaften konnte. Getreide und andere Feldfrüchte wurden im Wechsel angebaut, damit der Boden nicht auslaugte, und man produzierte nicht nur Nahrung zum direkten menschlichen Verzehr, sondern auch vermehrt Futter für die Fleischproduktion.

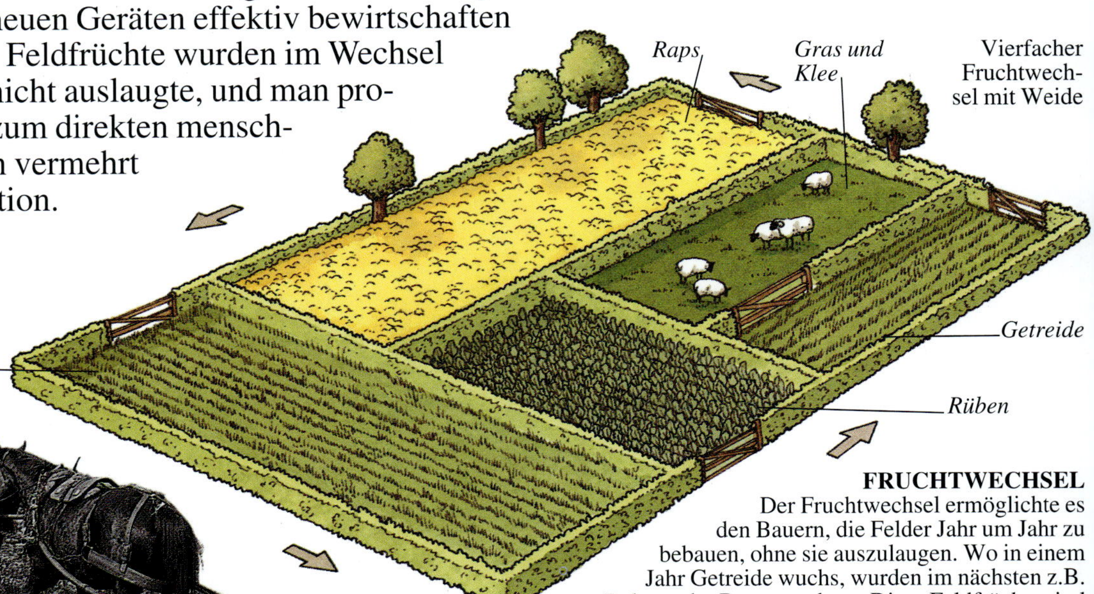

FRUCHTWECHSEL
Der Fruchtwechsel ermöglichte es den Bauern, die Felder Jahr um Jahr zu bebauen, ohne sie auszulaugen. Wo in einem Jahr Getreide wuchs, wurden im nächsten z.B. Rüben oder Raps angebaut. Diese Feldfrüchte sind gutes Winterfutter für das Vieh (Raps liefert außerdem Speiseöl). Der Fruchtwechsel verhindert auch, dass sich Getreideschädlinge einnisten. In manchen Jahren säte man Gras und Klee und ließ das Vieh darauf weiden, das den Boden mit seinen Ausscheidungen düngte.

Im 19.Jh. zogen Pferde die massiven Eisenwalzen.

ZERKLEINERN UND GLÄTTEN
Nach dem Pflügen werden die groben Schollen mit der Walze gebrochen und wird der Boden geglättet. Die ersten Walzen waren so schwer, dass man zum Ziehen Gespanne mit mehreren Ochsen benötigte.

Diese Vorrichtung wurde mit Ketten am Pferdegeschirr befestigt.

KNOCHENARBEIT
Ehe im Mittelalter ochsen- und pferdegezogene Walzen in Gebrauch kamen, glättete man das gepflügte Land mit holzhammerähnlichen Erdstampfern. Die ersten Walzen waren Baumstämme oder zylindrische Steine, die man über das Feld rollte. Erst ab etwa 1800 kamen industriell hergestellte Eisenrollen in Gebrauch. Die hier abgebildete Walze (um 1850) hat einen festen Rahmen mit Querholmen, die den Boden ebneten, und eine fassförmige, in der Mitte mit Eisenbändern verstärkte Rolle. Sie zerkleinerte die Schollen da, wo es am nötigsten war: in der Furche.

Das Gewicht der Rolle ist in der Mitte konzentriert und drückte sich in die Furche ein, die der Ackergaul getreten hatte.

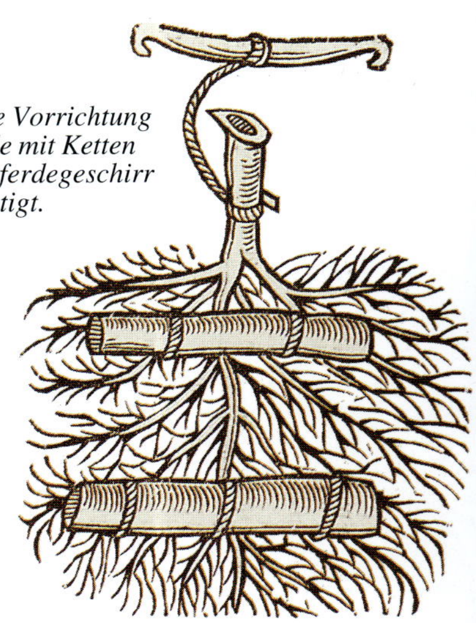

ALTE ERFINDUNG
Eggen braucht man, um die groben Schollen vor dem Säen zu zerkleinern und die Erde aufzulockern. Die ersten Eggen waren Dornbüsche, die man an Holzrahmen oder dünnen Stämmen festband.

NORMANNISCHE EGGE

Der Teppich von Bayeux (1067–1070) zeigt eine pferdegezogene hölzerne Egge mit Eisenzinken, die sich kaum von der aus dem 19.Jh. (unten) unterscheidet.

FRÜHJAHRSARBEIT

Der Grubber ist eine abgewandelte Egge. Er bricht die gepflügte Erde mit Reihen von Federzinken auf. Diese sind in einen schweren stählernen Profilrahmen gespannt, der hinter einem Traktor hergezogen wird.

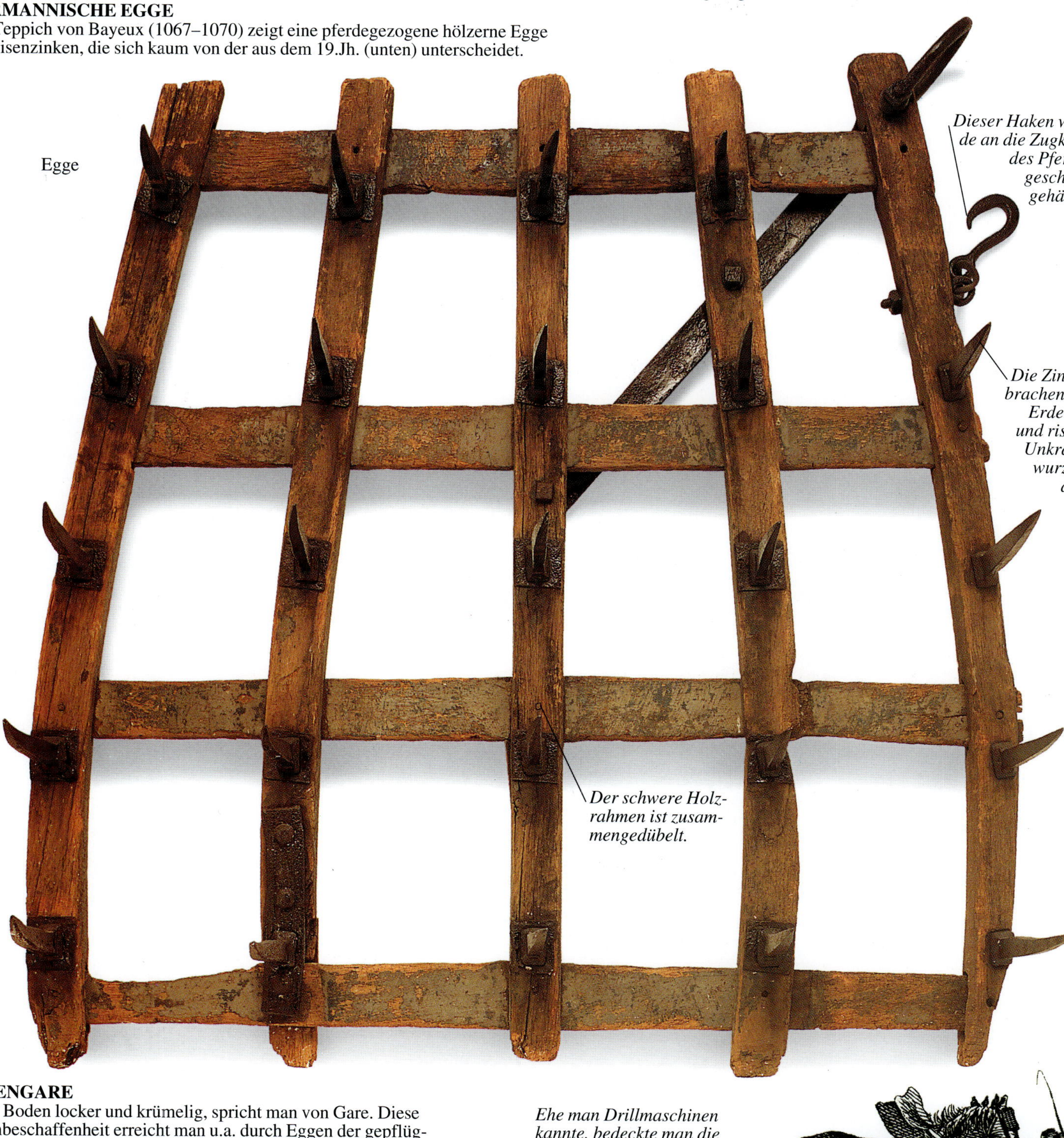

Egge

Dieser Haken wurde an die Zugkette des Pferdegeschirrs gehängt.

Die Zinken brachen die Erde auf und rissen Unkrautwurzeln aus.

Der schwere Holzrahmen ist zusammengedübelt.

BODENGARE

Ist ein Boden locker und krümelig, spricht man von Gare. Diese Bodenbeschaffenheit erreicht man u.a. durch Eggen der gepflügten und gewalzten Erde. Die frühen Eggen bestanden aus einem quadratischen Rahmen aus kreuzweise verdübelten starken Hölzern, auf denen Eisenzinken angebracht waren. Mit den Zinken nach unten wurde die Egge von Ochsen oder Pferden über den Acker gezogen. Seit Beginn des 19.Jh.s sehen Eggen anders aus. Heute bestehen sie ganz aus Stahl, sind rautenförmig oder dreieckig und können hinter dem Traktor hydraulisch gehoben und gesenkt werden. Es gibt auch Scheibeneggen, die den Boden mit Reihen von Stahlscheiben zerschneiden.

Ehe man Drillmaschinen kannte, bedeckte man die neue Saat mit Hilfe einer Egge mit Erde.

Aussaat

Ist der Boden vorbereitet, beginnt die Aussaat. Vor der Zeit der Landmaschinen wurde die Saat mit der Hand ausgeworfen. Die Verlustrate war hoch: Nicht alle Körner fielen auf fruchtbaren Boden, Unkraut erstickte viele Keimlinge und für die Vögel war die Saat ein Fest. Eine Lösung brachte 1701 eine Erfindung des Engländers Jethro Tull – die Drillmaschine: Parallele Säscharen ziehen saubere Rillen, in die das Saatgut aus dem Säkasten fällt. Unkraut jätete der Bauer im 18. Jahrhundert mit einer pferdegezogenen Hackmaschine, deren Scharen zwischen den Furchen entlanggezogen wurden. Moderne Sämaschinen funktionieren nach dem gleichen Prinzip wie Tulls Erfindung, aber sie werden von Traktoren gezogen und Zustreifer bzw. Rollen bedecken die Körner sofort mit Erde.

EIN SÄMANN GING AUFS FELD...
Die Verluste bei der Aussaat waren früher sehr hoch. Schon die Bibel erzählt im Gleichnis vom Sämann: „Als er säte, fiel ein Teil der Körner auf den Weg, und die Vögel kamen und fraßen sie. Ein anderer Teil fiel auf felsigen Boden, wo es nur wenig Erde gab, und ging sofort auf, weil das Erdreich nicht tief war; als aber die Sonne hochstieg, wurde die Saat versengt und verdorrte. Wieder ein anderer Teil fiel in die Dornen, und die Dornen wuchsen und erstickten die Saat.“ Auf dieser französischen Kachel (15.Jh.) folgt dem Sämann ein Vogelfänger.

Ein Hebel verband Laufrad und Zahnrad.

Über das Zahnrad wurde eine Bürste im Kasten angetrieben, die die Körner ins Saatrohr fegte.

Die Körner wurden in den Säkasten gefüllt.

DRILLMASCHINE
Diese Drillmaschine aus dem 19.Jh. wurde von einem Mann geschoben. Beim Fahren drehte sich das große Rad und trieb über die Kette das Zahnrad an, das eine Rollbürste im Säkasten drehte. Diese sorgte für einen gleichmäßigen Körnerfluss ins Saatleitungsrohr, aus dem die Saat in die 25 mm tiefe, von der Säschar gezogene Furche fiel.

IM RÜCKWÄRTSGANG
Eine Methode, die Verluste bei der Einzelkornsaat gering zu halten, war das Dibbeln. Dazu benutzte man zwei Setzhölzer. Derjenige, der dibbelte, ging rückwärts, damit er nicht auf die frisch gestochenen Setzlöcher trat. Ein Sämann folgte vorwärts, legte Korn um Korn in die Löcher und bedeckte sie. Diese Methode war sehr zeitaufwendig, aber im 18.Jh. als „Arbeitsbeschaffungsmaßnahme“ für die Landbevölkerung weit verbreitet.

RÜBSAMEN
Futterrüben werden im Frühsommer gepflanzt, schnell wachsende Sorten im Spätsommer. Geerntet werden sie im Herbst.

WEISSKLEE
Weißklee wird oft, mit Grassamen vermischt, als Rinder-, Schaf- und Bienenweide ausgesät. Als „Stickstoffsammler“ düngt er außerdem den Boden.

HYBRIDLOLCH
Raigras sät sich immer wieder selbst aus und bildet so eine dauerhafte Weide-, Heu- und Silagefläche.

WEIZEN
Winterweizen (Aussaat im Herbst) braucht länger zum Wachsen als Sommerweizen (Aussaat im Frühling), ist aber ertragreicher.

EFFIZIENT
Schon die ersten Drillmaschinen erhöhten die Produktivität um ein Vielfaches. Eine weitere Steigerung brachten im 19.Jh. Maschinen wie dieses Achtschar-Modell von 1871. Noch viel effizienter sind die modernen traktorgezogenen Maschinen.

Jethro Tull (1674–1741) war studierter Rechtsanwalt, entschied sich jedoch für ein Leben auf dem Bauernhof seines Vaters.

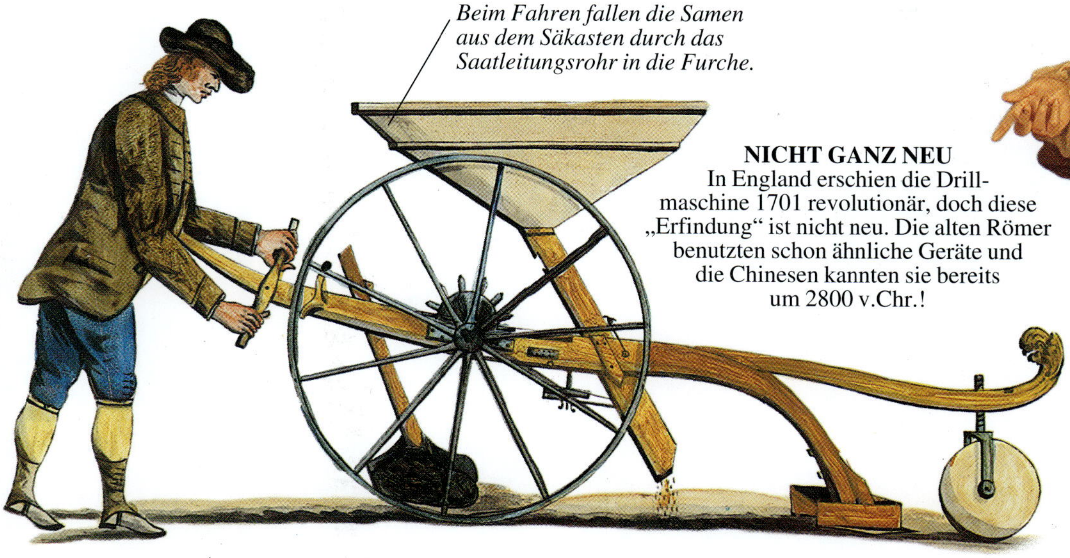

Beim Fahren fallen die Samen aus dem Säkasten durch das Saatleitungsrohr in die Furche.

NICHT GANZ NEU
In England erschien die Drillmaschine 1701 revolutionär, doch diese „Erfindung" ist nicht neu. Die alten Römer benutzten schon ähnliche Geräte und die Chinesen kannten sie bereits um 2800 v.Chr.!

ERFINDER DER SÄMASCHINE
Jethro Tull war Organist in der Kirche seiner Heimatgemeinde. Die Orgelpfeifen brachten ihn auf die Idee für die Drillmaschine. Durch eine Röhre fiel die Saat in die von der Säschar gezogene Furche. Somit erhielt man gerade Reihen, zwischen denen man das Unkraut mit einem pferdegezogenen Pflug jäten konnte, ohne die Getreidepflanzen zu beschädigen. 1731 veröffentlichte Tull seine Erfindung in einem der wichtigsten landwirtschaftlichen Bücher jener Zeit (*Horseshoeing Husbandry*).

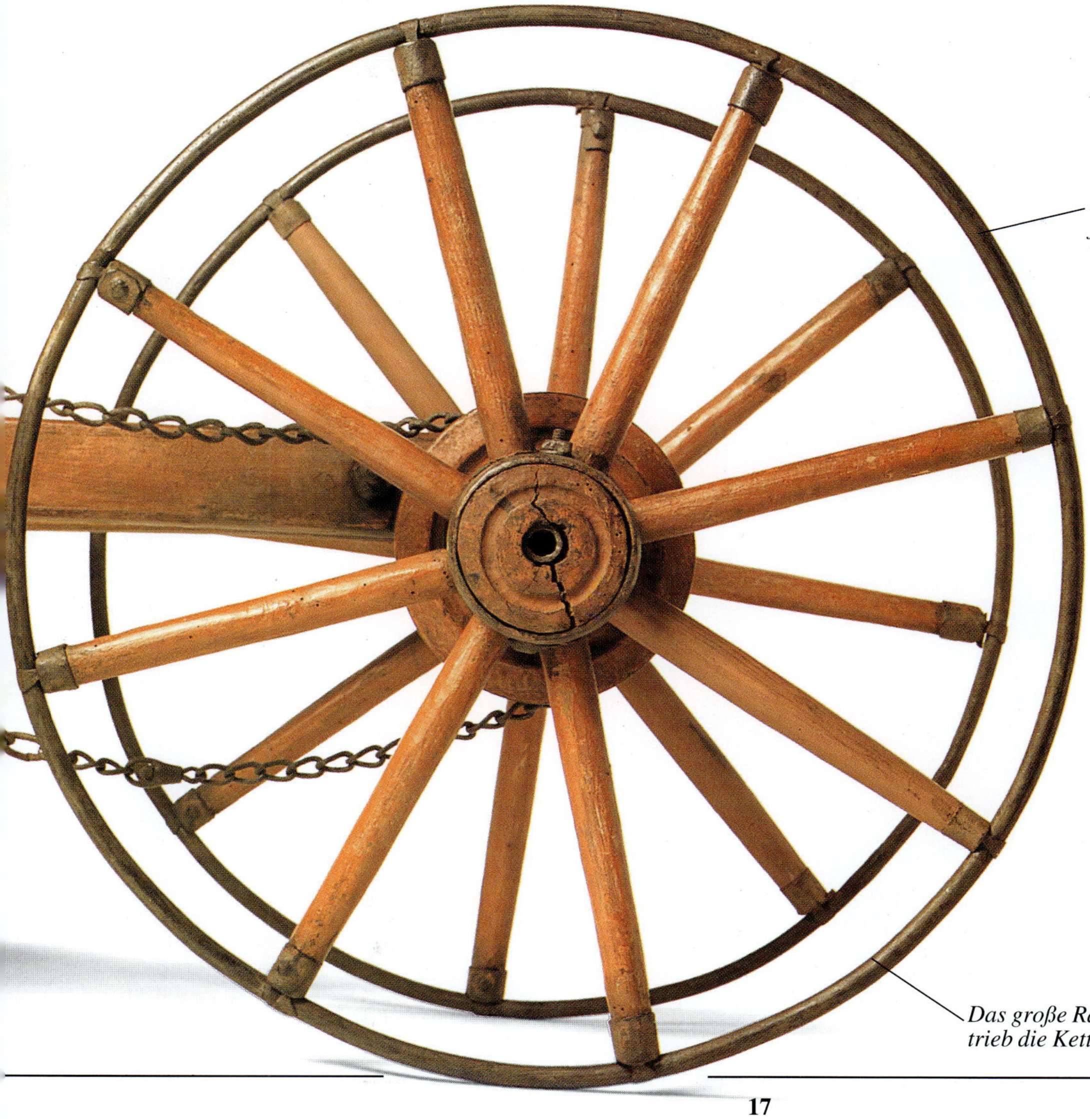

Der Eisenreifen ist für die Zeit ungewöhnlich.

Das große Rad trieb die Kette an.

SCHWUNGVOLL
Der Sämann trug das Saatgut in einem Tuch oder wie hier in einem Säkasten, der an einem Riemen über der Schulter hing. Er ging mit gleichmäßigen Schritten und warf das Korn in einem regelmäßigen Rhythmus aus, um es einigermaßen gleichmäßig auf dem Feld zu verteilen. An Unkrautjäten war bei dieser Sämethode nicht zu denken – man hätte zu viel zertreten.

Schädlingsbekämpfung

Von der Aussaat bis zur Ernte sind Getreide und Feldfrüchte den Naturgewalten ausgesetzt. Heute stehen den Bauern krankheitsresistente Züchtungen und moderne Schädlingsbekämpfungs- und Unkrautvernichtungsmittel zur Verfügung. Kaninchen, die früher eine ernsthafte Bedrohung für die keimende Saat und die jungen Pflanzen darstellten, hat man heute durch gezielten Einsatz von Erregern der Myxomatose (eine tödliche Kaninchenseuche) unter Kontrolle. Vögel verscheucht man mit Schreckschussanlagen. Gegen Insekten und Unkraut gibt es chemische Bekämpfungsmittel, die jedoch teuer sind, strengen staatlichen Kontrollen unterliegen und von immer mehr Verbrauchern abgelehnt werden. Früher versuchte man mit allen möglichen und unmöglichen Methoden, der Schädlinge Herr zu werden. Ein Teil von ihnen findet noch heute oder heute wieder Verwendung.

VOGEL-ATTRAPPE
Realistische Nachbildungen von Greifvögeln benutzt man schon seit langem, um Vögel von den Feldern fernzuhalten. Doch die gefiederten Saatdiebe lernen mit der Zeit, dass diese Feinde nicht echt sind.

VOGELSCHEUCHE
So eine Vogelscheuche ist schnell gebaut und kostet nicht viel. Man braucht nur zwei etwa 2 m lange Stangen zum Kreuz zusammenzunageln, das man mit alten Kleidungsstücken umhüllt. Man kann das Ganze auch noch mit Stroh ausstopfen. Ein Kürbis- oder Rübenkopf mit eingeschnitztem Gesicht macht die Vogelscheuche noch furchterregender.

Die Ratsche erzeugt Geräusche, wenn man sie kreisen lässt.

KINDERARBEIT
Ehe man automatische Schreckschußanlagen kannte, verscheuchte man hungrige Vögel mit solchen Klappern und Ratschen oder anderen Gerätschaften, die Krach machen. Diese Arbeit konnten die Kinder erledigen. Meist schickten die Bauern nur ein Kind aufs Feld, damit sich die Kleinen nicht gegenseitig ablenkten – und das bei Wind und Wetter.

Diese Klapper besteht aus einem Brett mit Stiel und zwei seitlichen losen Brettchen, die beim Schütteln gegen die Mittelplatte schlagen.

KOHLKNABBERER
Kohlweißlinge sind gefürchtete Schädlinge. Diese Schmetterlinge legen ihre Raupen zweimal im Jahr auf Kreuzblütler, darunter auch Kohlpflanzen. Die Raupen (links) können große Schäden anrichten. Man kann sich ihrer nur durch zeitaufwendiges Absammeln oder mit der chemischen Keule erwehren.

Saat und Keimlinge schmecken Vögeln und anderen Tieren.

Wenn sich Giftnebel aus Flugzeugtanks auf ein Feld legen, vernichten sie nicht nur schädliche Insekten, Pilze und Unkräuter. Oft werden auch nützliche Tiere getötet und Gewässer verseucht.

Flügel, die im Wind auf und ab klappen, lassen den Greifvogel echter wirken.

Durch die auffällige Färbung wirkt der Vogel abschreckender.

MIT GIFT
Selektive Unkrautvernichtungsmittel töten unerwünschte Pflanzen ab, ohne das Getreide zu schädigen. Andere chemische Mittel sind gegen bestimmte Insektenarten oder -gruppen (z.B. Blattläuse) oder gegen Pilze wie die Kartoffelfäule gerichtet. Meist werden die Giftspritzen hinter dem Traktor hergezogen. Bei sehr großen Feldern, z.B. in den USA, kommen auch Flugzeuge zum Einsatz.

HARTNÄCKIG
Die vom Wind verbreiteten Distelsamen bleiben lange keimfähig. Die Pflanzen sind mehrjährig und bilden ein mächtiges Wurzelwerk aus.

DIE ACHTE PLAGE
Heuschreckenschwärme (hier in Äthiopien) gehören seit alters zu den großen Plagen der Menschheit. Sie verdunkeln den Himmel und fressen ganze Landstriche kahl. Heute kann man sie chemisch bekämpfen.

ERWÜNSCHT
Bei weitem nicht alle Insekten sind Schädlinge. Die Raupen dieses Blutströpfchens z.B. fressen Kreuzkraut, ein Ackerunkraut.

UNKRAUTGRÄBER
Einige Unkräuter, z.B. Ampfer, Disteln und Löwenzahn, haben lange Wurzeln, aus denen neue Pflanzen austreiben können, wenn sie nur oberflächlich abgerissen werden. Um solche Unkräuter wirksam aus dem Boden zu entfernen, wurden Grabhilfen (rechts) benutzt.

Ernten in Handarbeit

LANGE ARBEITSTAGE
Die Erntezeit brachte der Landbevölkerung harte, aber gesellige Arbeit. Heute erledigen Maschinen die Arbeit vieler Menschen. Vor der Industrialisierung ernährten vier Bauernfamilien eine weitere Familie, heute versorgt ein Bauer über 25 Familien.

Von den Anfängen der Landwirtschaft bis ins 19. Jahrhundert mähte man Getreide und Gras mit Sichel oder Sense. Selbst mit einer Sense mit scharfem Stahlblatt brauchte ein Schnitter vor 150 Jahren für 0,1 ha einen ganzen Tag. In der Hitze des Spätsommers war diese Arbeit sehr schweißtreibend. Den Schnittern folgten die Garbenbinder, die die Halme zu Garben bündelten und diese in Hocken zum Trocknen aufstellten. Wenn sie trocken waren – oder wenn Regen drohte –, wurden die Garben auf Wagen geladen und zum Dreschplatz oder zur Scheune gefahren, wo das Getreide dann gedroschen wurde. Ährensammler suchten auf dem Feld die letzten Reste zusammen (Nachlese). Bei der Heuernte (im Frühsommer) wurde das Gras ebenfalls mit der Sense gemäht. Dann ließ man es auf der Wiese trocknen, wobei man es mehrfach mit Rechen wendete. Das trockene Heu diente als Hauptwinterfutter für Rinder und Pferde.

Mit einer Hand hielt der Schnitter die Halme, mit der anderen schnitt er sie mit der gezahnten Sichel ab.

ALTES WERKZEUG
Die ältesten Erntewerkzeuge sind die Sägesicheln. In der Steinzeit bestand das Blatt aus Feuerstein, bei dem französischen Schnitter oben (um 1200) wahrscheinlich aus Eisen.

Es gab Sensen mit geradem und solche mit gebogenem Stiel.

Das Sensenblatt aus Metall war 20–120 cm lang.

Auffangvorrichtung für geschnittene Halme

HEUMAHD
Sensen kennt man seit der Römerzeit. Der lange Wurf (Sensenstiel) erlaubt ein Mähen in gleichmäßigem Rhythmus ohne tiefes Bücken. Das Blatt wird knapp über dem Boden entlanggeschwungen. Meist hatten die Sensen zwei Griffe – einen für jede Hand.

Der Mahdhaken (Bickhaken) hält die Halmbündel für den Schnitt zusammen.

Breites, scharfes Blatt

GLATTER STAHL
Im 19.Jh. wurde die gezahnte Eisensichel von der glattschneidigen Stahlsichel abgelöst. Ein gut gedengeltes (geschärftes) Stahlblatt durchtrennte die Halme in einem Zug, während man mit den gezahnten Sicheln „sägen“ musste. Als Bündelhilfe für die Halme diente mancherorts eine Holzkrücke (Mahdhaken).

Stabile Holzzinken

GUTER ZUG
Mit solchen bis zu 2 m breiten Holzrechen ließ sich nicht nur Heu zusammenrechen. Sie erfassten auch Korn und Halme, die die Garbenbinder übersehen hatten.

NACHLESE
Nach der Ernte durften Familienangehörige der Tagelöhner oder arme Gemeindemitglieder die übriggebliebenen Getreidekörner aufsammeln.

PROVIANTKORB
Die Mahlzeit der Erntearbeiter war einfach. Außer Brot gab es meist Wurst und rohe Zwiebeln, dazu Malzkaffee oder auch Bier.

Die Gerstengabel hat drei Zinken.

Diese Heugabel hat nur zwei Zinken.

Forke zum Aufladen von Heu und Getreide

Die Forken waren bis zu 2 m lang, Gerstenforken oft noch länger. Die Stiele bestanden aus Holz.

Forke (aus einem einzigen Stück Holz) zum Aufladen von Gerste

AUFGEGABELT
Der Umgang mit der Forke erforderte Übung. Mancherorts hatten die Heugabeln nur zwei Zinken, besser ging es mit dreizinkigen Modellen. Letztere waren vor allem zum Aufladen von Gerste notwendig, denn Gerste ist leichter und mit drei Zinken kann man viel mehr Gerste als anderes Getreide oder Heu auf die Gabel nehmen und auf den Wagen laden.

HOCH BELADEN
Getreide und Heu wurden auf Wagen geladen, mit denen die Ernte eingefahren wurde. Langstielige Forken ermöglichten es, die Wagen hoch zu beladen.

Mit etwas Übung konnte man große Büschel auf die Gabel nehmen.

Dreschen und Worfeln

Zu Hocken oder Schobern aufgestellt, konnten die Garben trocknen. Zum Dreschen brachte man das Getreide dann auf die Tenne, eine festgestampfte Fläche, meist in der Scheune. Mit dem Dreschflegel schlug man dort die Körner aus den Ähren. Nun musste man noch die Spreu von den Körnern trennen. Dazu warf man das Getreide mit der Worfelschaufel oder dem Worfelkorb in den Wind. Die schwereren Körner fielen nach unten, die leichte Spreu wurde weggeblasen. Die ausgedroschenen Halme (das Stroh) benutzte man als Streu und Futter für das Vieh sowie als Dacheindeckung; außerdem flocht man daraus Körbe und Hüte. Das Korn wurde teilweise verkauft, teilweise weiterverarbeitet und teilweise als Saatgut fürs nächste Jahr zurückbehalten.

IMMER IM RHYTHMUS
Die Drescher arbeiteten meist zu zwei. Die Arbeit erforderte Konzentration und einen gleichmäßigen Rhythmus – sonst konnte man einander leicht den Schädel einschlagen.

SCHOBERTRÄGER
Große Getreidehaufen, Schober genannt, schichtete man auf solchen Ständern auf. Beim Modell rechts ruht das gusseiserne „Rad“ auf pilzförmigen Füßen.

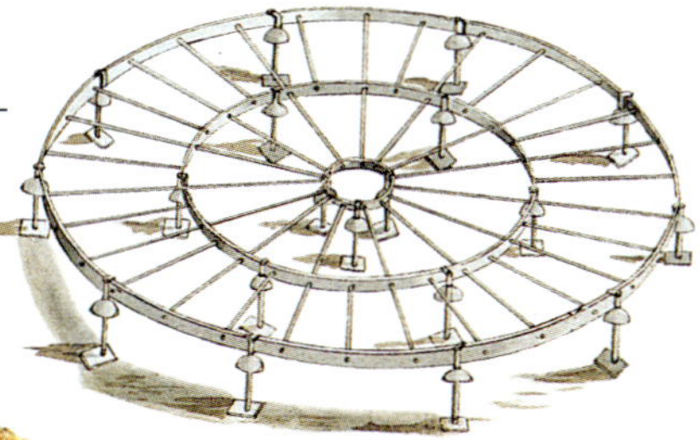

GEBÜNDELT
Zu Garben gebündelte Getreidehalme stellte man für einige Tage in Hocken auf dem Feld zum Trocknen auf. Dann fuhr man sie in die Scheune oder schichtete sie zu Schobern auf. Früher wurden die Garben mit Strohseilen gebunden, ab Mitte des 19.Jh.s mit Hanf- oder Sisalschnur.

ALTER FLEGEL
Der Dreschflegel ist schon aus prähistorischer Zeit bekannt, sah aber nicht überall gleich aus. Der Stiel war etwa kinnhoch und mit dem kürzeren, dickeren Klöppel durch ein Gelenk in Form einer Schlaufe aus Leder oder Aalhaut verbunden.

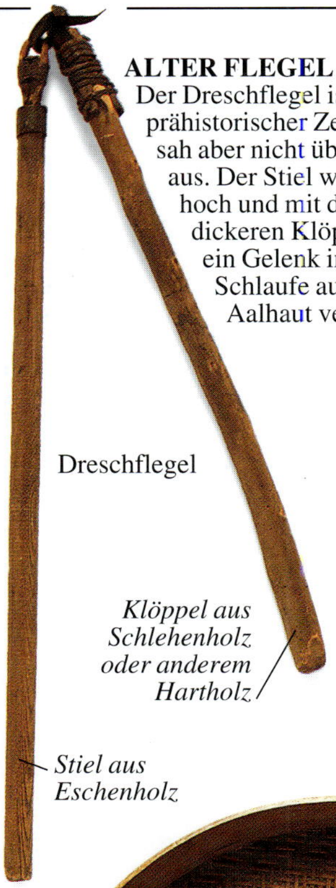

WORFELN IM WIND
In einer offenen Scheune gab es immer Durchzug, sodass die Spreu beim Worfeln wegwehte. Schwellen verhinderten, dass das Korn aus der Scheune getragen wurde. Nach dem Worfeln wurde es zusammengefegt, gesiebt und in Säcke gefüllt.

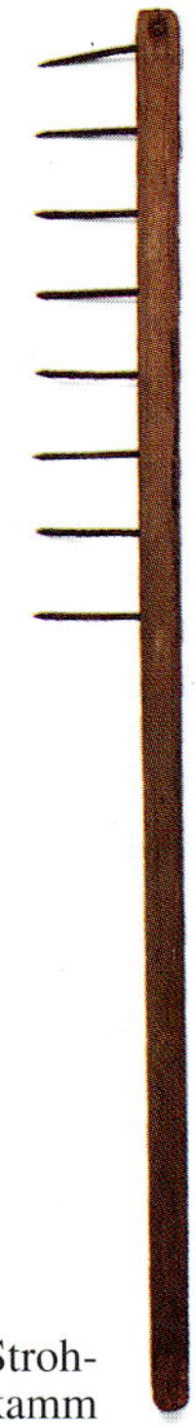

RIESENKAMM
Wo man Schober für längere Zeit aufstellte, bedeckte man sie mit einem „Dach“ aus Stroh. Das ausgedroschene Stroh wurde in einem Joch gebündelt, auf den Schober geschafft und die Garben überlappend aufgelegt. Kurze Halme und Unkraut kämmte man mit solch einem Kamm aus.

SÄUBERN UND SORTIEREN
Solche Spreusiebe oder flachen Worfelkörbe benutzte man zum Worfeln und Aussieben von Staub. Mit grobmaschigeren Sieben sortierte man die Körner nach Größe. Auch mit giftigem Mutterkornpilz befallene Körner konnte man durch Sieben entfernen.

SCHOCK UND SCHOBER
Vor der Erfindung des Mähdreschers vor etwa 50 Jahren musste man das gemähte Getreide bis zum Dreschen zwischenlagern. Dazu baute man die Garben z.B. zu solchen großen Schobern auf, die zum Schutz gegen Regen mit einem Strohdach versehen wurden. Andernorts stellte man sie zu kleineren Hocken oder Schocks auf.

Dreschmaschinen

DIE LETZTEN GARBEN
Die alten Dreschmaschinen wurden mit Garben „gefüttert“. Erst mit der Erfindung des Mähdreschers Mitte des 20.Jh.s entfiel auch das Garbenbinden.

Die erste Dreschmaschine (1786) war eine Erfindung des Schotten Andrew Meikle. Sie rieb das Korn zwischen zwei Walzen, statt es zu schlagen wie mit einem Dreschflegel. Spätere Modelle verbanden das Dreschen mit dem Worfeln. Ventilatoren sorgten für den Wind, der Spreu und Staub wegblies. Für kurze Zeit am Anfang dieser Entwicklung wurden diese Maschinen von Pferden angetrieben, bald aber standen Dampfmaschinen zur Verfügung. Damit ging die Arbeit schnell voran und war bald nach der Ernte erledigt, sodass das Dreschen als Winterarbeit auf den Höfen entfiel. Es kam deshalb sogar zu Aufständen der Landarbeiter. Heute kann eine einzige Person mit Hilfe eines Mähdreschers die ganze Ernte einschließlich Dreschen und Worfeln besorgen. Diese Maschine hat auch die letzten Dreschflegel und Worfelsiebe in kürzester Zeit in die Museen verbannt.

Das Stroh wanderte auf dem Förderband nach oben und fiel dann auf den Schober.

MASCHINEN AUF WANDERSCHAFT
Mitte des 19.Jh.s sah man überall auf dem Land dampfbetriebene Dreschmaschinen. Die Drescher, denen die Maschinen gehörten, zogen damit von Ort zu Ort. Mit dem Dreschflegel konnte ein Mann etwa 0,25 t Getreide pro Tag dreschen, eine Pferdedreschmaschine bis zu 7 t, eine Dampfdreschmaschine dagegen 25 t und mehr. Doch man brauchte mehrere Leute zu ihrer Bedienung: Einer mußte die Dampfmaschine mit Kohle feuern und immer wieder Wasser nachfüllen, einige mussten die Garben von den Schobern abnehmen, andere die Maschine damit füttern, wieder andere die gefüllten Säcke wegtragen und leere anhängen. Schließlich musste das Stroh zu Ballen gepackt und eingelagert werden.

Hier wurde das Getreide eingefüllt. Eine Trommel im Inneren der Maschine drosch die Halme aus. Körner und Spreu fielen durch mehrere Siebe auf den Boden der Maschine.

Hier kam das Stroh heraus und fiel auf ein Förderband.

Die Räder ermöglichten einen leichten Transport.

Hier fiel die Spreu heraus.

Das Förderband leitete die Körner weiter.

Hier wurden die Säcke angehängt, in die das Korn fiel.

NUR NOCH STROH
Heute erledigen Mähdrescher die gesamte Getreideernte: Sie mähen, dreschen und worfeln. Nach der Ernte erinnern nur noch große Strohrollen daran, was hier einmal wuchs.

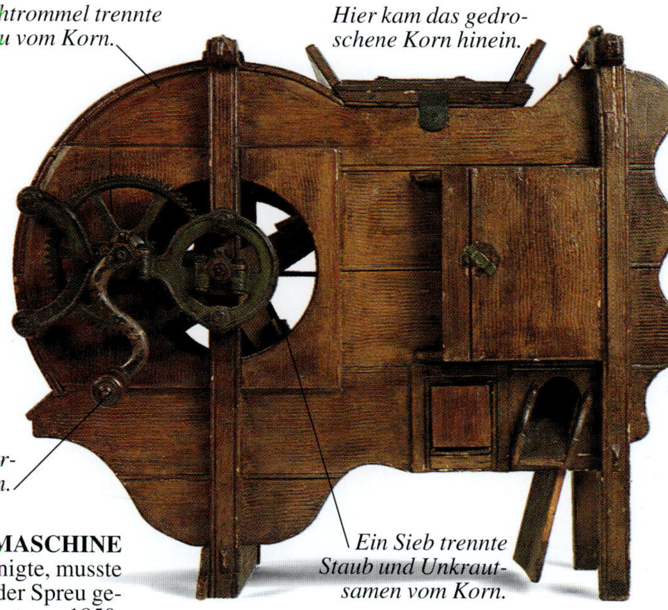

Die Drehtrommel trennte die Spreu vom Korn.

Hier kam das gedroschene Korn hinein.

Die Maschine wurde durch Drehen der Kurbel angetrieben.

Ein Sieb trennte Staub und Unkrautsamen vom Korn.

WORFELMASCHINE
Ehe man Dreschen und Worfeln in einer Maschine vereinigte, musste das gedroschene Korn in einer zweiten Maschine von der Spreu getrennt werden. Die abgebildete Worfelmaschine stammt von 1850.

BEFÖRDERUNG
Mit Dampfkraft betriebene Förderbänder vereinfachten das Dreschen weiter. Das höhenverstellbare Band wurde über ein Rad angetrieben, das mit dem Antriebssystem der Dreschmaschine verbunden war.

Schornstein wie bei einer Lokomotive

Der Zylinder trieb entweder das Laufrad der Dampfmaschine oder wie hier über das Antriebsrad angeschlossene Maschinen an.

Der Treibriemen trieb die Hauptdreschtrommel an, von der aus Antriebsriemen und Züge die Kraft an andere Verbrauchsorte übertrugen.

Kohlevorrat

Dampfdreschmaschine

Erntemaschinen

HEIMATVERTRIEBEN
Wenn zur Erntezeit die Mähmaschinen kommen, muss die winzige Zwergmaus ihre Feldheimat verlassen, wo sie zwischen den Halmen kunstvolle Nester gebaut hat.

Es ist kaum mehr als 100 Jahre her, da wurde die Feldarbeit größtenteils noch von Hand erledigt. Über ein Dutzend Landarbeiter mussten den ganzen langen Tag arbeiten, um 2 ha Roggen, Hafer, Gerste oder Weizen zu mähen und zu Garben zu binden. Das Aufstellen des Getreides zu Hocken oder Schobern und das Dreschen erforderten nochmals viel Zeit und Arbeit – und viele Hände. Heute mäht und drischt eine einzige Person mit einem Mähdrescher 2 ha Getreide in weniger als einer Stunde. Auf den Weg gebracht wurde dieses Wunder der Technik um 1840 von dem Amerikaner Cyrus McCormick. Seine von Pferden gezogene Maschine arbeitete mit einer rotierenden Haspel, die die Halme gegen einen fest stehenden Messerbalken presste und abschnitt. Im Prinzip funktionieren moderne Mähdrescher genauso, allerdings sind mit der Zeit verschiedene Verbesserungen und technische Raffinessen hinzugekommen.

FLÜGELMÄHER
Diese pferdegezogene Mähmaschine kam 1862 auf. Mit ihr konnte man 2 ha Getreide pro Tag abernten. Die rechenartigen Flügel hoben die abgeschnittenen Halme bündelweise auf und legten sie hinter der Maschine zum Garbenbinden ab.

MÄHBINDER
Bei diesem Mähbinder (1930er-Jahre) presste eine rotierende Haspel das Getreide gegen einen fest stehenden Mähbalken und schnitt es ab. Vom Schneidwerk gelangte es auf ein Fördertuch, das die Halme zum Bindertisch transportierte. Dort wurden sie zur Garbe gebunden und abgeworfen. Angetrieben wurde die Maschine von den Laufrädern, die über das Getriebe mit allen Funktionseinheiten verbunden waren.

BILDER DES FORTSCHRITTS
Der Mähbinder fand zuerst auf den großen Präriefarmen der USA Anwendung. Ab Ende des 19.Jh.s aber gab es ihn fast überall. Diese Maschinen erledigten zwei Arbeitsgänge in einem: Sie mähten das Getreide und banden es zu Garben. Die frühen Modelle wurden von Pferden gezogen, spätere von Traktoren. Für die Ernte mit dem Mähbinder brauchte man nur einen Fahrer und zwei bis drei Arbeiter, die die Garben aufsammelten und aufstellten. Somit konnten vier Personen 0,4 ha pro Stunde abernten – zehnmal so viel wie in reiner Handarbeit.

HEISSER STUHL
Die ersten Mähbinder zu fahren war nicht sehr angenehm. Auf dem Bild links sieht man, dass der Fahrer zwischen Schneidwerk und Bindewerk saß, die sich beide mit großer Geschwindigkeit drehten.

MIT HÖCHSTGESCHWINDIGKEIT
Dank der modernen Mähdrescher kann das gesamte Getreide in kürzester Zeit geerntet werden – bevor der nächste Regen kommt. Selbst von Wind und Regen niedergedrückte Halme sind für einen Mähdrescher kein Problem. Die alten Mähmaschinen wurden damit nicht fertig.

Durch das Korntankauslaufrohr gelangen die Körner aus dem Tank auf Wagen.

Hier wird das Stroh ausgeworfen.

MÄCHTIGE MASCHINEN
Moderne Mähdrescher mähen, dreschen, trennen die Spreu von den Körnern und pressen häufig auch noch das Stroh zu Ballen. Eine solche Maschine erledigt die Arbeit, für die man noch zur Zeit der Mähbinder Dutzende von Landarbeitern benötigte. Das große Haspelrad hat vielfach eine Breite von über 5 m. Die ausgedroschenen, gesiebten Körner gelangen in einen großen Korntank, aus dem sie von Zeit zu Zeit auf Wagen entleert werden.

Das Förderband transportierte das Getreide zum Bindertisch.

Die Packarme hielten die Garbe beim Binden und warfen sie dann ab.

Fahrersitz

Das Getrieberad übertrug die Kraft von den Laufrädern auf Binde- und Förderwerk.

Auf der Straße wurden die Feldräder hochgezogen.

Die Straßenräder stehen rechtwinklig zu den Feldrädern. So war es leichter, den Mähbinder auf der Straße zu ziehen.

Ein vom Mähdrescher aufgescheuchter Hase

Vom Korn zum Brot

SCHMUCK UND ZAUBER
Aus den letzten Halmen der Ernte flocht man früher Kränze und Strohpüppchen als Glücksbringer.

Schon vor über 10.000 Jahren backte man im Niltal Brot. Die dortigen Jäger und Sammler entdeckten, wie man Getreidesamen verwerten kann. Mit Steinen zerstießen sie die Körner zu grobem Mehl, aus dem sie auf heißen Steinen Brotfladen bereiteten. Die Kunde von der neuen Wundernahrung verbreitete sich schnell, und bald sammelten die Menschen vielerorts im Nahen Osten nicht nur Wildgetreidesamen, sondern bauten Brotgetreide an und erfanden neue Methoden, das Korn zu Mehl zu mahlen. Durch gezielte Züchtung erhielt man immer ertragreichere Getreidesorten. Die Getreidezüchtungen unserer Tage versorgen uns nicht nur mit Brot, sondern sind „Rohstoff" für die verschiedensten Nahrungs- und Genussmittel, vom Frühstücksmüsli über Nudeln und Kuchen bis zum Bier.

JEDER FÜR SICH
Im Altertum backte jede Familie ihr Brot selbst. Diese Frau (Griechenland, um 450 v.Chr.) mahlt Korn auf einem Block. Das Mehl fällt in das Becken darunter.

WUNDERBARER WEIZEN
Das am weitesten verbreitete Brotgetreide ist Weichweizen. Die großen Körner sind reich an Gluten (Klebereiweiß) und ergeben Mehl für lockeres, leichtes Brot. Aus Durumweizen (Hartweizen) stellt man Nudeln her.

HOCH GEZÜCHTET
Unsere wichtigsten Getreidearten – Weizen, Gerste, Hafer und Roggen – leiten sich von Wildgräsern ab. In den letzten Jahrzehnten gelang die Züchtung von Hochleistungssorten, die einen dreimal so hohen Ertrag bringen wie Getreide um 1950.

Das Mühleisen passte in das Mühlenauge (das Loch in der Mitte des Mühlsteins).

Das Mahlgut gelangte durch Luftfurchen in die Mahlbahn zwischen Läuferstein und Bodenstein.

MÜHLSTEINE
Ehe im 18.Jh. eiserne Walzenmühlen aufkamen, benutzte man seit alters Steine zum Mahlen von Getreide – einen Oberstein (Läuferstein) und einen fest stehenden Bodenstein. Angetrieben wurde das Mahlwerk von Menschenhand, von Tieren, von Wasserrädern oder von Windmühlenflügeln. Wasser- und Windkraft konnten den bis zu 1,5 t schweren Läuferstein 200-mal pro Minute rotieren lassen. Der abgebildete Mühlstein besteht aus mehreren Stücken, die von einem Eisenband zusammengehalten werden.

Die frühen Windmühlen wurden von segeltuchbespannten Flügeln angetrieben. Ab etwa 1780 waren die Flügel mit Windtüren versehen, die sich mittels Scharnieren je nach Windstärke selbst einstellten.

Das kleine Windrad betrieb den Mechanismus, der die Haube (Dachkappe) und damit die Flügel in Windrichtung drehte.

Getriebe in der drehbaren Haube übertrugen die Kraft von der Windradwelle auf den Mahlgang.

Von der umlaufenden Galerie aus konnte der Müller an die Flügel gelangen.

Der Müller wohnte in den unteren Geschossen.

GESCHICHTE DES BACKENS
Das früheste Brot war ein Teigfladen, den man auf heißen Steinen trocknete. Die alten Ägypter erfanden Brotlaibe aus Teig, den Hefe aufgehen ließ. Seither gibt es immer neue Kreationen auf dem Gebiet der Backkunst und nicht nur professionelle Bäcker zaubern die unterschiedlichsten Leckereien.

MIT WINDKRAFT
Die ersten Windmühlen drehten sich im 7.Jh. in Persien. Kreuzfahrer brachten die Idee im 12.Jh. nach Europa, wo man bis dahin nur Wassermühlen gekannt hatte. Dieses Modell zeigt eine Kappenwindmühle (mit drehbarer Dachkappe) aus dem 19.Jh. Windmühlen benutzte man nicht nur zum Mehlmahlen, sondern auch zum Trockenlegen bzw. Bewässern von Land und als Öl-, Pell-, Walk-, Loh-, Graupen-, Papier-, Pulver-, Knochen- und Sägemühlen.

BROTZEICHEN
Nicht jeder hatte früher einen Ofen zu Hause, in dem er sein Brot backen konnte. Damit die einzelnen Familien in den Gemeindebackhäusern ihr Brot wiedererkannten, markierten sie die Laibe mit solchen Stempeln, die den Familiennamen, ein Symbol oder ein Motto trugen.

Reisanbau

WIE EH UND JE
Die Reisanbaumethoden sind, vor allem in Asien, seit Jahrtausenden unverändert. Hier zieht ein Wasserbüffel, das Zugtier Asiens, eine Egge.

Nach Weizen mit 595 Mio. t Jahresproduktion weltweit ist Reis mit 520 Mio. t das zweitwichtigste Getreide. Seine ursprüngliche Heimat ist nicht genau bekannt, Wildformen sind in Asien, Afrika und Amerika gefunden worden. Kultiviert wurde er um 3000 v.Chr. – ob in Indien oder China, ist noch ungeklärt. Reis ist ursprünglich ein tropisches Sumpfgras, das zum Keimen und Wachsen überflutete Felder braucht, und noch heute überwiegen die sog. Nassreissorten, die auf künstlich bewässerten Feldern angebaut werden. Es gibt aber auch Trockenreissorten, die mit niedrigeren Temperaturen und weniger Wasser auskommen und vor allem im Bergland angebaut werden. Wie eh und je ist Ostasien das Hauptanbaugebiet für Reis. Seit 800 v.Chr. wird er aber auch im Mittelmeergebiet angebaut. In die USA gelangte er 1647 (heute an zwölfter Stelle bei der Reisproduktion), nach Brasilien um 1750 (heute an zehnter Stelle). Reis wird im Gegensatz zu anderem Getreide vorwiegend als ganzes Korn gekocht gegessen. Man kann ihn aber auch zu Mehl mahlen oder zu Reiswein (Sake), Bier oder Reisschnaps (Arrak) verarbeiten. Weniger bekannt ist, dass man mancherorts die Reisspreu verbrennt und die silikatreiche Asche, mit Kalk vermischt, als Zement verwendet.

REISTERRASSEN
Im Bergland kann man Nassreis nur auf Terrassen anbauen, die man stufenweise von oben nach unten bewässert. Trockenreis (Bergreis) muss nicht bewässert werden, bringt aber auch geringere Erträge.

Zwei Tage alte Keimlinge

SAATREIS
Die Reiskörner werden im überfluteten Saatbeet ausgeworfen, wo sie unter Wasser keimen.

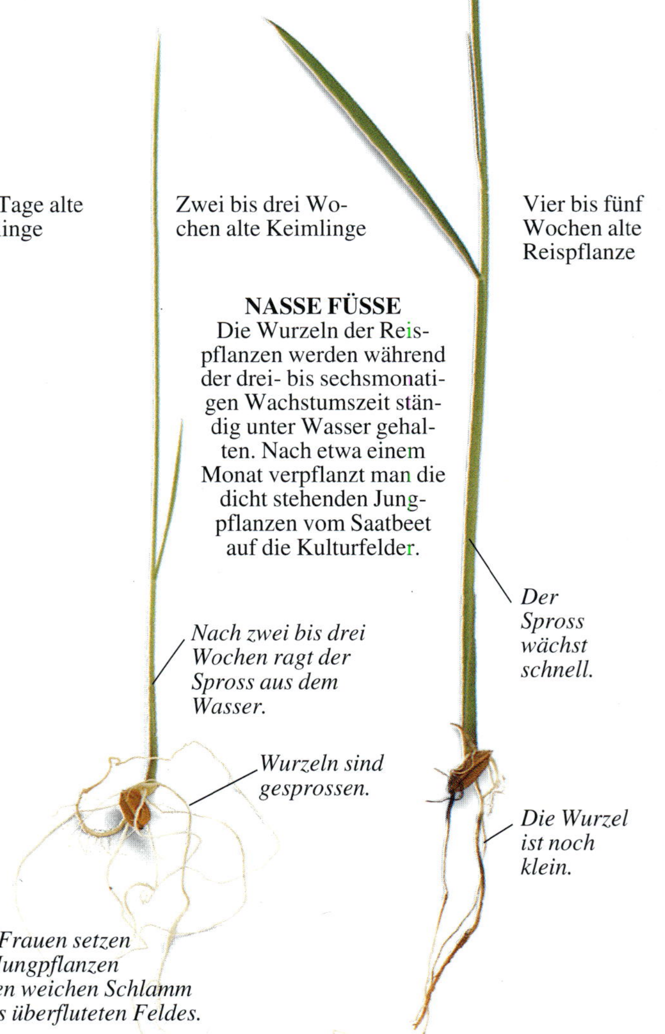

Jungpflanzen von dieser Größe werden vom Saatbeet aufs Feld verpflanzt.

Zwei bis drei Wochen alte Keimlinge

Vier bis fünf Wochen alte Reispflanze

NASSE FÜSSE
Die Wurzeln der Reispflanzen werden während der drei- bis sechsmonatigen Wachstumszeit ständig unter Wasser gehalten. Nach etwa einem Monat verpflanzt man die dicht stehenden Jungpflanzen vom Saatbeet auf die Kulturfelder.

Nach zwei bis drei Wochen ragt der Spross aus dem Wasser.

Der Spross wächst schnell.

Wurzeln sind gesprossen.

Die Wurzel ist noch klein.

Die Frauen setzen die Jungpflanzen in den weichen Schlamm eines überfluteten Feldes.

WEICHER SCHLAMM, HARTE ARBEIT
Reispflanzen ist zeitaufwendig und belastet den Rücken. Seit alters erledigen Frauen diese Arbeit – wie hier in Indien.

Drei Monate alte Pflanze

REIFUNG
Kurz vor der Ernte lässt man das Wasser von den Feldern ablaufen. Das schlammige Feld trocknet aus und lässt sich so leichter mähen.

GRUNDNAHRUNGSMITTEL
Reis ist das Hauptnahrungsmittel Ostasiens. Die meisten Ostasiaten essen Reis zu jeder Mahlzeit. Er enthält Eiweiß und Kohlehydrate, außerdem wichtige Mineralien. Naturreis ist lediglich von den Spelzen befreit, aber noch von der eiweiß- und vitaminreichen Samen- und Fruchtschale (Silberhäutchen) umgeben. Beim weißen Reis ist diese Schicht (und damit wertvolle Inhaltsstoffe) durch Polieren abgeschliffen.

Jedes Korn ist von Spelzen umgeben.

ERNTE-REIF
Nach drei bis sechs Monaten beugen sich die Rispen der Reispflanzen unter dem Gewicht der Körner. Nun entwässert man die Felder. Nach etwa zwei Wochen kann dann die Ernte beginnen. In vielen Teilen der Welt wird Reis heute wie seit alters mit Sicheln geerntet.

Naturgoldene Reiskörner

MASCHINELLE METHODEN
In den USA (hier eine Farm in Kalifornien) wird der Reis maschinell direkt auf große Felder ausgesät, z.T. sogar von Flugzeugen. Geerntet wird mit Mähdreschern.

REISDRUSCH
Der Rohreis (Paddy) ist nach dem Dreschen noch fest von den Spelzen umgeben, die in Reismühlen abgetrennt werden. Die Spelzen dienen als Viehfutter und Dünger, das Stroh zum Korb-, Matten- und Hüteflechten und als Dacheindeckung.

Dieser thailändische Landarbeiter schlägt Reisstroh aus. Die Körner fallen in einen riesigen Korb.

Mais und Kartoffeln

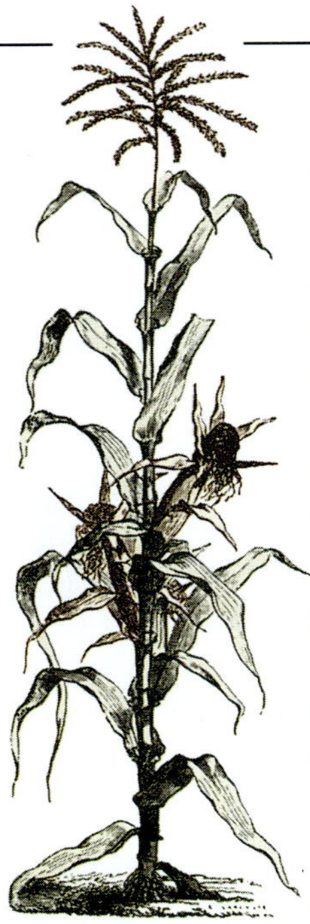

HOHES GRAS
Mais wird bis über 3 m hoch. Aus den weiblichen Blütenständen entwickeln sich die Kolben. Die männlichen Blüten sitzen ganz oben, so dass der Wind die Pollen gut verbreiten kann.

Mais und Kartoffeln, die heute in vielen Regionen der Welt als Grundnahrungsmittel angebaut werden, stammen aus dem alten Amerika. Die europäischen Siedler in Amerika übernahmen den Maisanbau von den Indianern und heute liefern die gewaltigen Felder im Mittleren Westen der USA die Hälfte der Maisernte auf der Welt. Aber auch in Brasilien, Südafrika und einigen Teilen Asiens ist Mais ein Hauptanbauprodukt. In Europa werden vermehrt kälteverträgliche Varietäten angebaut – hauptsächlich als Viehfutter und als Öllieferanten. Einige Maisprodukte sind weltweit beliebt, darunter Popcorn und Cornflakes. Die Kartoffel stammt aus den Hochlagen der Anden und eignet sich daher für den Anbau auch in kalten, feuchten Klimazonen. In der Vergangenheit haben Krankheiten wie die Kartoffelfäule in manchen Ländern, u.a. in Irland, teilweise verheerende Auswirkungen gehabt. Heute gibt es krankheitsresistente Züchtungen. Außerdem wurden besondere Sorten für Kartoffelchips, Pommes frites und Püree entwickelt.

LANGE GESCHICHTE
Die altamerikanischen Völker bauten schon um 6000 v.Chr. Mais an. Außerhalb Amerikas wurde er bekannt, nachdem Christoph Kolumbus vor gut 500 Jahren einige Maispflanzen von seiner Entdeckungsfahrt mit nach Europa brachte.

Der Maiskolben ist von Hüllblättern, den sog. Lieschen, geschützt (hier nach oben abgezogen).

Einige Maissorten weisen schwarze, rote und gelbe Körner in einem Kolben auf.

MAISKOLBEN
Bei diesen Maiskolben sind die einst grünen Hüllblätter zu papierartigen Lieschen vertrocknet. Die Körner sind in der Regel goldgelb, bei dieser Varietät aber mehrfarbig. Für verschiedene Verwendungszwecke gibt es unterschiedliche Maissorten, so den süßen Zuckermais, der u.a. als Gemüsemais („Kukuruz“) beliebt ist und bei uns frisch, tiefgekühlt und in Dosen oder Gläsern eingemacht erhältlich ist. Für Popcorn nimmt man dagegen den außen hornigen und innen weichen Puffmais.

Der Maishäcksler mäht die Stengel mit Blättern und Kolben ab, häckselt sie klein und bläst das Häckselgut auf einen Wagen.

EINE ERNTE, DIE INS GEWICHT FÄLLT
Futtermais (Ertrag: bis zu 75 t pro ha) wird im Winter als Silage ans Vieh verfüttert.

Langer Sterz mit Griffen zum Lenken

SPEICHER
In diesen Kornspeichern in Sambia lagern Mais und anderes Getreide, und zwar zum Schutz vor Nässe und Ungeziefer in sicherer Höhe über dem Boden.

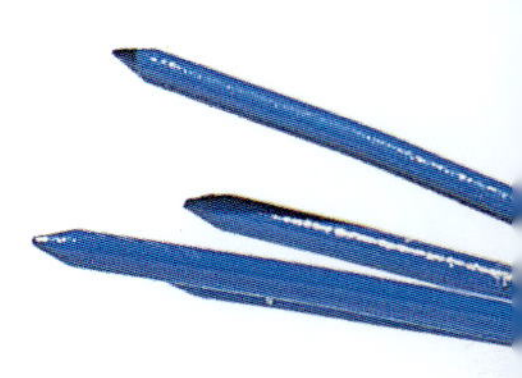

Die zarten Blätter sind frostempfindlich.

Die Blüten sind weiß, gelb oder violett.

Das Kraut wird 30–90 cm hoch.

Die „Augen" der Kartoffel sind die Achselknospen, aus denen sie neu austreiben kann.

Sobald keine Frostgefahr mehr besteht, wird die Folie mit dem Traktor aufgerollt.

FROSTGESCHÜTZT

Die ganz früh im Jahr gepflanzten Frühkartoffeln können schon im späten Frühjahr und im Frühsommer geerntet werden. Da aber bis in den Mai hinein Nachtfröste die jungen Pflanzen schädigen können, decken die Bauern sie mit durchsichtiger Plastikfolie ab. Frühkartoffeln erzielen höhere Preise als die Spätsorten.

MASCHINELLE ERNTE

Heute setzt und erntet man auch Kartoffeln mit Maschinen. Diese Vollerntemaschine trägt die flachen Erddämme ab, siebt die Erde aus, trennt die Knollen vom Kraut und wirft sie hinter sich zum Aufsammeln ab. Moderne Kartoffelsammelroder verladen das Erntegut gleich auf Wagen.

DAS BESTE IST UNTER DER ERDE

Kartoffeln bilden als oberirdischen Spross eine buschige, krautige Pflanze mit Blüten aus, unter der Erde entwickeln sich die Speicherorgane: die Kartoffeln. Auf den Feldern und im Garten häufelt man die Kartoffeln an, damit die Sprossknollen nicht im Licht grün werden.

Zwischen den Zinken kann Erde hindurchfallen.

Damit die Zinken die Kartoffeln nicht beschädigen, ist die Gabel unten geschlossen.

KARTOFFELGABEL

Für die nichtmaschinelle Kartoffelernte benutzt man Gabeln, deren Enden nicht spitz sind. Sie können tropfenförmig verdickt oder wie hier durch ein Querblech geschützt sein.

KARTOFFELRODER

Die erste Maschine, die die Kartoffelernte beschleunigte, war der Kartoffelroder, eine Art Pflug, der von Pferden an den angehäufelten Kartoffelreihen entlanggezogen wurde. Die Schar griff unter die Wurzeln und hob die Kartoffelknollen aus der Erde. Die Erde fiel durch die Zwischenräume in der Schar zurück.

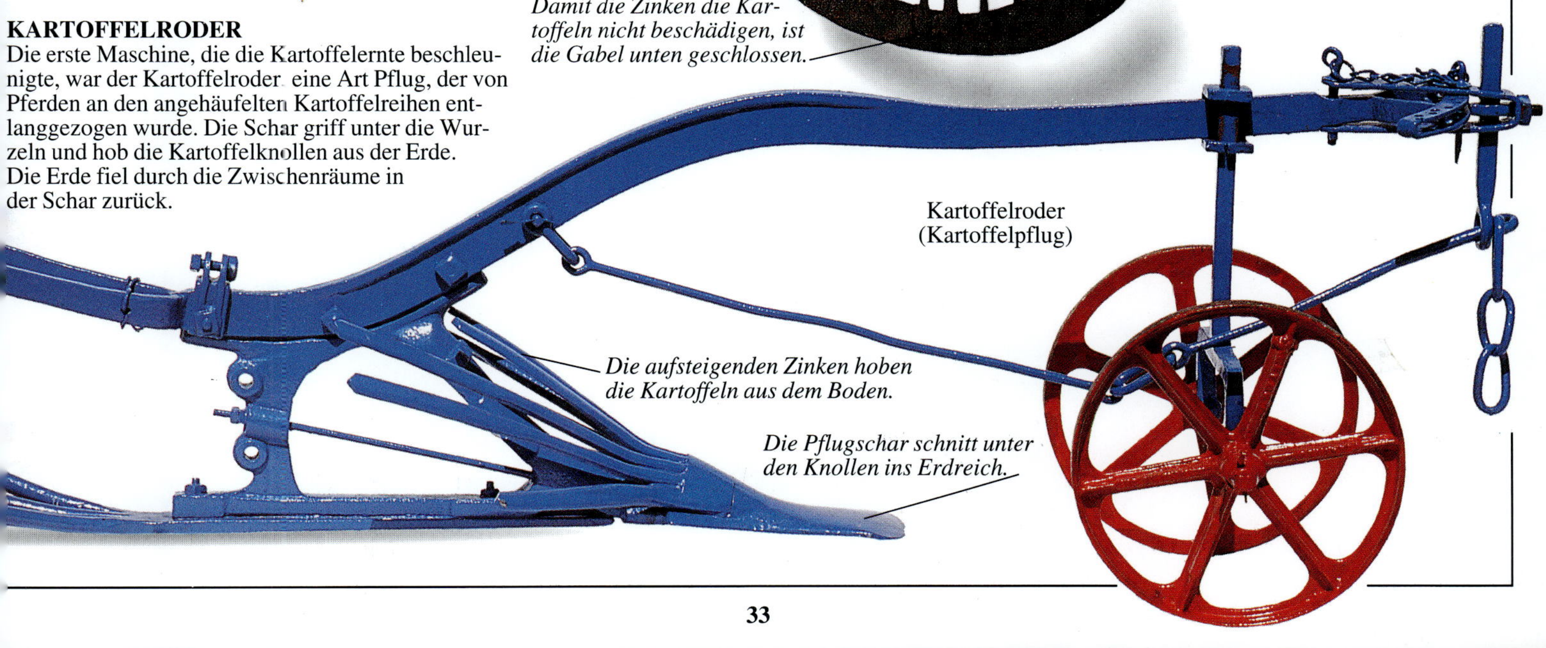

Kartoffelroder (Kartoffelpflug)

Die aufsteigenden Zinken hoben die Kartoffeln aus dem Boden.

Die Pflugschar schnitt unter den Knollen ins Erdreich.

Viehfutter

Grünkohl und Kohlrüben oder Wasserrüben finden als Nahrung für Mensch und Tier Verwendung.

Für die sesshaften Bauern kühlerer Klimazonen war es früher schwierig, das Vieh über den Winter zu bringen. Wenn die Wachstumsperiode vorüber und alles Gras verbraucht war, musste man die meisten Tiere schlachten. Das wenige Winterfutter (Heu und Stroh) reichte gerade für die Zucht- und die Arbeitstiere. Möglichkeiten der ganzjährigen Nahrungsversorgung für das Vieh wurden im 18. Jahrhundert in Großbritannien entwickelt. Eine wichtige Rolle spielte dabei der Anbau von Futterrüben (Runkelrüben) und Wasserrüben. Heute ist die Produktion von Futtermitteln ein großes Geschäft und viele Bauern produzieren ihr Viehfutter zumindest teilweise selbst, z.B. Silage oder Heu und eine Reihe von Rübenarten. In manchen Ländern wird die Hälfte der Getreideernte für die Fleischproduktion verwendet.

KEIN ABFALL
Stroh polstert und wärmt den Stall im Winter. Die Tiere lassen ihre Ausscheidungen fallen und so wird aus dem Stroh Mist, den man als hochwertigen Dünger für Feld und Garten verwenden kann. Früher häckselte man das Stroh auch als Winterfutter.

Hier wurden die Rüben eingefüllt. Von da fielen sie ins Schneidwerk.

Die ersten Schnitzelmaschinen wurden von Hand betrieben, spätere Modelle mit Dampfkraft oder Strom.

RÜBENSCHNITZEL
Rüben sind saftig und nahrhaft, aber schwer zu beißen. Bekommt ein Tier eine ganze Rübe in den Hals, kann es ersticken. Daher werden Rüben als Viehfutter geschnetzelt. Seit etwa 1830 gibt es dafür Maschinen.

FUTTER FÜR VIERBEINER
Mit solchen Maschinen schnetzelte man Wasserrüben, Kartoffeln, Mangold, Runkelrüben (wie hier) und anderes Gemüse als Tierfutter.

Pferderechen waren bis zu 5,50 m breit.

WETTERUNABHÄNGIG
Statt Heu kann man aus Gras auch Silage machen. Das Gras wird gemäht, aber es muss nicht trocknen. Stattdessen wird es sofort gepresst und in einem Fahrsilo oder bündelweise mit Folie versiegelt unter Luftabschluß gehalten. Das grüne Gras gärt und stinkt dann fürchterlich, ist aber sehr nahrhaft und für das Vieh durch die bakterielle „Vorbehandlung" besonders gut verdaulich und sehr vitaminreich.

HEUWETTER
Das älteste Winterfutter für Tiere ist Heu, also getrocknetes Gras. Ob man das Heu trocken bekommt, hängt natürlich vom Wetter im Heumonat Juli ab. Selbst heute, im Zeitalter der Wettervorhersage, kann man Pech haben. Das Gras muss unter mehrfachem Wenden einige Tage trocknen, ehe man es als Heu einfahren kann. Daher verarbeiten heute viele Landwirte ihr Gras zu Silage, d.h. sie lassen es unter Luftabschluß gären.

NICHT NUR SCHWEINEFUTTER
Wasserrüben haben schon die alten Griechen und Römer auch als Mastnahrung für Rinder, Schafe und Schweine angebaut. Andere Wurzelgemüse, z.B. Mangold und Steckrüben, fanden ebenfalls Verwendung für Mensch und Tier.

HEUWENDER
Im 19.Jh. wurde der Pferderechen erfunden, mit dem man achtmal so viel Heu wenden konnte wie mit einem Handrechen. Heute gibt es neben Gabelheuwendern (senkrecht umlaufend), Kreiselheuwendern (waagerecht umlaufende Räder mit federnder Wurfgabel) und Trommelheuwendern auch komplizierte Wirbelwender und Wirbelschwader.

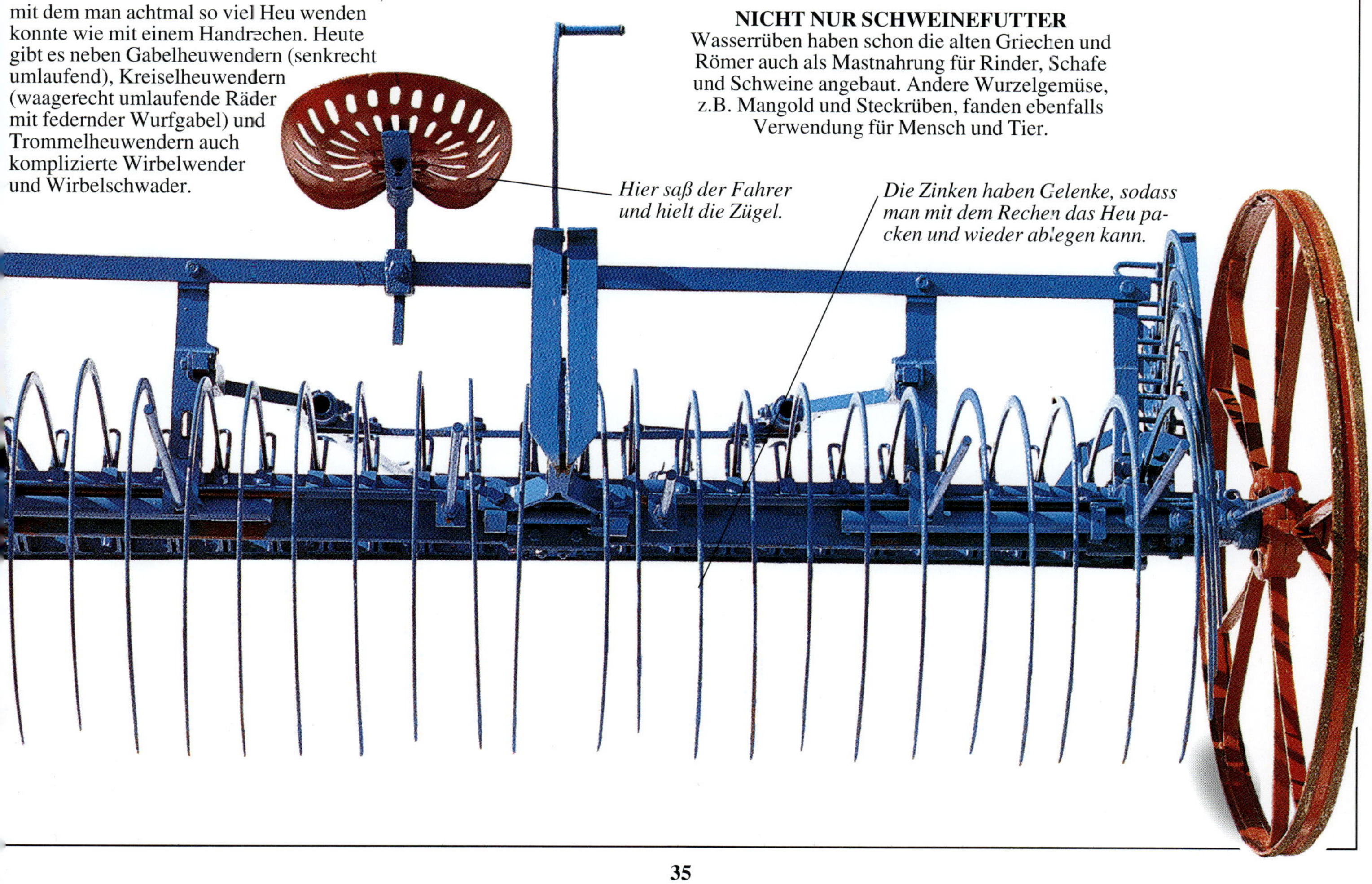

Gemüseanbau

Im Umland der Städte gab es schon immer kleinere, auf Gemüseanbau spezialisierte Höfe (Gemüsehöfe, Handelsgärtnereien), die die städtischen Märkte mit Gemüse, Salat, Obst und Blumen versorgten. Einige öffentliche Parks, so der Hyde Park und der St. James's Park in London, sind aus solchen Handelsgärtnereien hervorgegangen. Heute spielen die Gemüseanbaubetriebe nicht nur eine Rolle für die Frischgemüseversorgung im näheren Umkreis. Viele beliefern außerdem die Konserven- und Tiefkühlindustrie. Dank Kühlschrank und Flugzeug können die Erzeugnisse heute auch ans andere Ende der Welt verschickt werden, wenn sie dort saisonbedingt gerade gute Preise erzielen. Vielfach bedient man sich in diesen Betrieben traditioneller Anbaumethoden, besonders die Zulieferer der Babynahrungsindustrie und der Bioläden. Im Gegensatz zu den Großbetrieben, die Massenware erzeugen, verzichten diese Gemüsehöfe oft auf Kunstdünger und chemische Schädlingsbekämpfung.

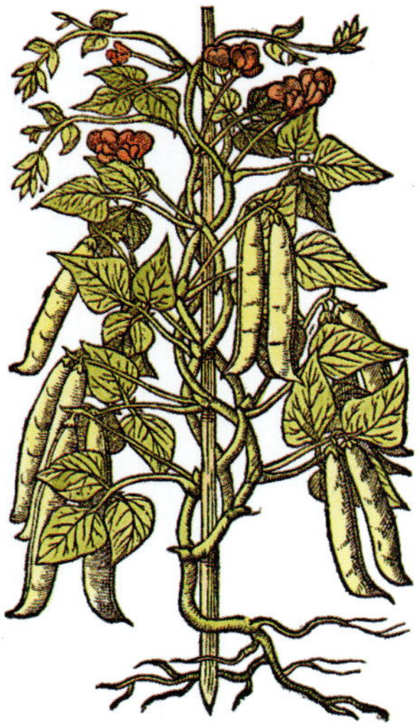

VIELSEITIGES GEMÜSE
Viele Bohnensorten finden als Gemüse Verwendung, andere als Viehfutter. Bei den Prunkbohnen (oben), einer Stangenbohnensorte, kann man die Schoten und die Samen verwenden.

OHNE ERDE
Mit Hilfe künstlicher Nährmedien kann man heute Pflanzen ohne Erde wachsen lassen – in Hydrokultur (oben): Die Wurzeln stehen in Wasser, dem die erforderlichen Nährstoffe beigegeben werden.

BIOBLUMENKOHL
Ökologischer Landbau ist im Kommen. Die Produkte sind schadstoffärmer, aber teurer als die der Landwirtschaftsindustrie.

NICHT GANZ ÜBERFLÜSSIG
Manche Gemüse müssen nach wie vor von Menschenhand geerntet werden, so z.B. Artischocken (unten). Mit Maschinen würde man die Pflanzen beschädigen. Um Ohrwürmer aus ihren Verstecken zwischen den Blättern zu treiben, taucht man die Artischockenköpfe in Salzwasser.

UNTER GLAS
In Gewächshäusern (Treibhäusern) kann man auch außerhalb der Saison frisches Gemüse und Schnittblumen ziehen.

Zwiebeln erntet man, wenn die Blätter braun und welk werden.

GEWÜRZ UND GEMÜSE
Schon die alten Ägypter verwendeten die Zwiebel, die ihnen heilig war. Heute ist sie weltweit als Gewürz und Gemüse verbreitet.

Die kleinen Kirschtomaten sind zum Garnieren und für Salate beliebt.

TOMATEN
Tomaten sind Fruchtgemüse, das man auch unreif einlegen kann (als Pickles).

Früher benutzte man Karottenkraut als Grün zum Blumenbinden und als Hutschmuck.

FARBWECHSEL
Orangefarbene Karotten züchteten holländische Bauern erstmals im Mittelalter – aus einer gelben und einer purpurroten Stammform.

Erbsen in der Schote

Auf dem Markt kann man Erbsen noch frisch in den Schoten kaufen.

EIERFRUCHT
Die Aubergine stammt aus Hinterindien und kam im 13.Jh. durch die Araber nach Europa. Die meisten bei uns erhältlichen Früchte kommen aus Südeuropa.

Mit dem sehr breiten Griff lässt sich der Pflanzspaten im Boden drehen.

Kräftige Metallspitze

PFLANZSPATEN
Heute wird meist maschinell gesät und gepflanzt, doch kleinere Bauern benutzen häufig noch Pflanzhölzer oder -spaten für die Einzelkornsaat oder z.B. zum Legen von Saatzwiebeln.

Hier setzt man den Fuß auf und stößt so die Gabel in den Boden.

Zinke

HEBER
Mit solch einer Gabel erntete man früher Wurzelgemüse wie z.B. Pastinaken (Hammelmöhren). Die beiden Zinken greifen die Wurzel rechts und links und heben sie aus dem Boden.

Holländische Erbsenpflücker (um 1900)

DIE GUTE ALTE ZEIT
Auch heute noch werden Erbsen mit der Hand gepflückt. Trockenspeiseerbsen und Erbsen für Tiefkühlkost und Konserven aber werden mit speziellen Gemüsemähdreschern geerntet.

Obstplantagen

Überall auf der Welt werden Früchte für den menschlichen Verzehr angebaut. Die Züchtung von Obstsorten wird mit modernsten wissenschaftlichen Methoden betrieben, sodass es heute allein über 6000 Apfelsorten und so niedrige Obstbäume gibt, dass man zum Pflücken keine Leitern benötigt. Zitrusfrüchte wie Orangen, Mandarinen, Zitronen, Grapefruits und Limonen wachsen in warmen Ländern, z.B. in Spanien, Israel, Südafrika und Kalifornien. Äpfel, Birnen, Kirschen und Beerenfrüchte wie Erdbeeren und Himbeeren gedeihen dagegen auch in gemäßigten Klimazonen, so auch in Deutschland. Tropische Früchte wie Bananen und Ananas kommen u.a. aus Mittelamerika, der Karibik und von Inseln im Indopazifik. Heute ermöglichen Kühlschiffe und Flugzeuge die ganzjährige Versorgung der Menschen in aller Welt mit frischen Früchten.

PELZIG
Der Pfirsich ist ein Pflaumengewächs aus China, das über Persien nach Europa kam. Heute werden Pfirsiche auch in Südeuropa, Australien und den USA angebaut.

STACHELIG
Die Ananas stammt aus den Tropen Brasiliens. Heute wird das Bromeliengewächs auch in anderen tropischen Ländern angebaut.

Die Bananen werden unreif geerntet und reifen auf dem Transportweg.

HÄNGEND
Bananen wachsen an 5–9 m hohen Stauden (nicht an Bäumen!). Ihre Fruchtstände wiegen bis zu 50 kg.

Die Apfelsine (Orange) stammt aus China.

Limonen (reich an Vitamin C)

ZITRUSFRÜCHTE
Die unterschiedlichen Jahreszeiten auf der Nord- und Südhalbkugel und schnelle Transportverbindungen machen es möglich, dass Zitrusfrüchte das ganze Jahr über auf dem Markt sind. Zitrusbäume sind klein und haben ledrige Blätter. Ein Baum kann 70 Jahre lang jährlich 1000 Früchte tragen.

Blühende Kirschplantage

Bei Apfelzüchtungen achtet man auf Fruchtzuckergehalt, Farbe und Krankheitsresistenz.

Worcester-Pearmain-Apfel

Der Russet ist ein rauhschaliger Winterapfel mit kräftigem Geschmack.

Russet, eine englische Winterapfelsorte

Birne

VIELSEITIG
Äpfel sind im gemäßigten Klimabereich das wichtigste Obst. Sie werden seit über 2000 Jahren gezüchtet. Äpfel werden nicht nur roh gegessen, sondern auch zu Mus, Gelee, Saft, Most und Wein verarbeitet oder, in Ringe geschnitten, getrocknet.

LANGLEBIG
Birnen gehören wie Apfel und Pfirsich zu den Rosengewächsen. Der Fruchtaufbau ist bei Apfel und Birne ähnlich (Sammelbalgfrucht). Pfirsiche sind Steinfrüchte. Birnbäume sind sehr langlebig und bilden ein hartes, gut polierbares Holz, das z.B. für Weinpressen und Messinstrumente Verwendung findet.

NACH BIENENART
Neue Apfelsorten erhält man durch Übertragung der Pollen einer Züchtung auf die Narbe einer anderen – so wie es in der Natur die Bienen tun. Die Kreuzung ergibt eine neue Sorte mit den Erbanlagen beider Elternsorten.

Trauben werden auch heute noch meist von Hand gelesen.

Seit Jahrtausenden schneidet man die Trauben mit Messern und transportiert sie in Körben oder Kiepen ab.

WEINLESE
In der Türkei hat man 7000 Jahre alte Belege für Weinbau gefunden. Wahrscheinlich wurden die Trauben seit alters hauptsächlich zu Wein verarbeitet, aber auch die Trocknung zu Rosinen spielt schon lange ein Rolle. Außerdem wurden Trauben immer schon frisch gegessen. Wein wächst auch in gemäßigten Zonen.

Himbeeren

Rote Johannisbeeren

Stachelbeeren

BEERENOBST
Beeren werden nicht in großen Mengen auf den Markt gebracht. Plantagen bieten sie meist zum Selbstpflücken an.

Der Bauernhof

Bis vor etwa 500 Jahren beherbergten die Bauernhäuser fast überall Menschen, Tiere, Vorräte und Handwerksgeräte unter einem Dach. Die allerersten Katen waren Einraumhäuser ohne trennende Wände zwischen Mensch und Vieh. Es gab aber auch zweistöckige Bauernhäuser, in denen das Vieh im Untergeschoss und die Bauernfamilie im Obergeschoss lebte. So wärmten die Tiere das Haus für die Menschen, aber der Stallgeruch zog auch hier in die Wohnräume. Später gab es dann Einhäuser mit Trennwänden zwischen Wohn- und Wirtschaftsbereich, oder man baute getrennte Wohn- und Wirtschaftsgebäude um einen Hof, der durch die Gebäude geschützt war. Schweine und Geflügel lebten in der Nähe des Wohnhauses und wurden mit Speiseresten gefüttert. Die Pferdeställe lagen oft am Ostende des Hofs, sodass der Bauer die Pferde im ersten Morgenlicht für die Feldarbeit anspannen konnte.

SICHERER PLATZ
Hühner, Gänse und Kälber hielt man im Schutz der Mauern, Zäune und Tore, wo sie nicht weglaufen und Raubtiere nicht ohne weiteres eindringen konnten. Vom Haus aus hatte man die Tiere im Blick und musste niemanden zum Hüten abstellen.

SILOS
Silos, in denen Viehfutter aufbewahrt wird, sind für Mastbetriebe unerlässlich. Außer solchen Türmen (Bild links) gibt es auch (halb-)unterirdische Gruben.

BAUERNHAUS

Dieses 400 Jahre alte englische Bauernhaus hat drei Herdstellen, die in einen Kamin münden. Hier lebte nur die Bauernfamilie – keine Tiere.

Solche Flechtzäune schützten Bauerngärten vor dem freilaufenden Vieh.

Vorderansicht

Seitenansicht

Die Pferdeställe öffnen sich zum Pferdehof.

Der Dachboden über dem Schuppen für landwirtschaftliche Maschinen und Geräte diente als Kornspeicher.

EINHEITS-MODELL

Dieses Modell zeigt einen Bauernhof, wie man ihn im 19.Jh. vielerorts in Europa fand. Ältere Hofgebäude bestehen oft aus Bruchsteinen aus der Gegend oder wie hier aus Backsteinen. Vor allem in den 1960er- und 1970er-Jahren wurden die Wirtschaftgebäude jedoch vielfach aus Beton und Wellblech errichtet. Heute baut man wieder mehr landschaftstypisch.

Eingeschossige Scheune. Es gibt aber auch zweigeschossige Scheunen, deren oberes Stockwerk über eine Außentreppe oder Leiter zu erreichen ist.

Hof für Mastochsen (kastrierte männliche Rinder, die für den Verkauf als Fleischrind gefüttert werden)

WICHTIGES WASSER

Ein wichtiger Standortfaktor für einen Bauernhof ist Wasser. Da es Wasser aus der Leitung noch nicht allzu lange gibt, findet man ältere Gehöfte immer an Flüssen oder Quellen bzw. dort, wo sich ein Brunnen graben ließ. Oder man hob einen Teich aus (Modell), in dem sich das Regenwasser vom ganzen Hof sammelte. Auf Höfen mit Viehhaltung gibt es Stallungen und eingefriedete Höfe, in denen die Tiere die Wintermonate verbringen. Stroh wird als Streu benutzt. Mit dem Kot der Tiere ergibt es Mist, der von Zeit zu Zeit abgefahren werden muß. Das Ausmisten ist keine schöne Arbeit, aber der Mist ist ein wertvoller Dünger für die Felder.

Scheunen und Nebengebäude

Früher waren auch die landwirtschaftlichen Nebengebäude oft sehr hübsch. Scheunen, Unterstände fürs Vieh, Vorratsspeicher und Geräteschuppen wurden mit viel Liebe zum Detail errichtet. Häufig hatten sie ein Fachwerkskelett aus Eichen- oder Ulmenholz und das Dach war mit Stroh oder Ziegeln gedeckt. Unter dem Dach von Kornspeichern bohrten die Bauern oftmals Löcher, um Schleiereulen anzulocken, die Vorratsschädlinge wie Ratten und Mäuse kurz hielten. Heute gehören solche Gebäude der Vergangenheit an. Man hebt das Getreide nicht mehr bis zum Drusch in Scheunen auf, und Heu, das man früher in großen Mengen als Winterfutter einlagerte, wird von anderen Futtermitteln verdrängt. Die Scheunen, die aus früheren Zeiten erhalten sind, benutzt man heute als Unterstand für landwirtschaftliche Maschinen. Viele wurden auch zu Wohnhäusern umgebaut oder aber in Museumsdörfer umgesetzt, wo sie den Besuchern Eindrücke vom bäuerlichen Leben in alter Zeit vermitteln.

KEINE KIRCHEN
Diese Kornspeicher in Nordportugal tragen Kreuze. Die frommen Bauern wollen damit Gott für die kostbare Ernte danken. Die Speicher stehen zum Schutz vor Ratten und Mäusen auf pilzförmigen Steinen.

SPEICHERTURM
Silage und andere Futtermittel lagert man heute oft in Silos ein. Aber auch Getreide kann man, wenn es trocken ist, in Silos aufheben, ohne dass es gärt.

LANGLEBIGES KORN
In den Trockengebieten Asiens und Afrikas ist Hirse ein wichtiges Getreide. Sie lässt sich jahrelang als Notvorrat für Zeiten aufheben, in denen die Ernte anderer Feldfrüchte nicht ausreicht. Die abgebildeten tönernen Hirsespeicher stehen im westafrikanischen Staat Niger.

Der Giebel war offen, sodass Frischluft das Heu belüften konnte, damit es nicht verrottete.

Die senkrechten Hölzer nennt man Stiele.

Vorratsspeicher müssen rattensicher sein.

Für die Dacheindeckung benutzte man Stroh, das bei der Getreideernte anfiel.

Steinstelzen schützen vor Feuchtigkeit und Ratten.

Ziegeldächer waren teurer als Strohdächer, aber dauerhafter. Außerdem sind Ziegel nicht so leicht entflammbar.

WAGENSCHAUER
Wagenschauer wurden in der Regel außerhalb oder am Rand des Hofs errichtet. Eine Wand war geschlossen, die anderen waren offen, damit man die Wagen besser rangieren konnte. Die Wand zur Wetterseite und das Dach boten ausreichend Schutz vor der Witterung.

NUR GETREIDE
Dieser Kornspeicher (England, 1731) besteht aus einem mit Backsteinen ausgemauerten Hartholzfachwerk. Das Dach ist mit Stroh gedeckt. Später errichtete man zunehmend Gebäude mit doppelter Funktion, deren Erdgeschoss als Wagenschuppen diente. Das Korn wurde im Obergeschoss gelagert. So konnte es leichter auf Wagen geladen werden.

GUT BELÜFTET
Das offene Fachwerkgerüst dieser Heuscheune (England, 1595) sorgt für eine gute Belüftung. Sie verringert das Risiko, dass das Heu verrottet. Das Fachwerk von Heuscheunen (Fruchtscheunen) war oft lediglich mit einem Geflecht aus Weiden- oder Haselruten gefüllt, sodass Luft eindringen konnte. Wetterfeste Wände erhielt man, indem man die Gefache (Fachwerkfächer) ausmauerte oder das Flechtwerk mit Lehm verputzte.

Über die ganze Länge des Dachs verlaufende Pfetten tragen die Dachsparren.

Bundbalken verhindern, dass die Wände vom Gewicht der Dachflächen nach außen weggedrückt werden.

Das Tor war breit genug für einen Wagen.

Sockel aus Backsteinen

Milchwirtschaft

PROST MAHLZEIT!
Eine Jersey-Kuh säugt ihr Kalb. Diese kleine, zierliche Rinderrasse wird seit dem 18. Jh. auf der Kanalinsel Jersey gezüchtet. Die Milch der Jersey-Rinder hat einen höheren Fettgehalt (bis zu 7%) als die anderer Rassen (um 4%) und erbringt somit mehr Sahne. Heute findet man Jerseys nicht nur in Europa, sondern auch in Nordamerika, Australien und Neuseeland.

Wie alle Säugetierweibchen produzieren Kühe Milch als Säuglingsnahrung für ihre Jungen. Eine Milchkuh kann pro Jahr ein Kalb zur Welt bringen und gibt dann die nächsten zehn Monate lang Milch, vorausgesetzt, sie wird regelmäßig gemolken. Die Milchleistung ist je nach Rasse unterschiedlich hoch; durchschnittlich liegt sie bei zehn bis 15 Litern. Am meisten Milch geben die weitverbreiteten schwarzbunten Kühe: Sie können im Jahr das 20fache ihres eigenen Gewichts an Milch produzieren – bis zu 10.000 Liter! In diesem Jahrhundert haben Melkmaschinen die Milchwirtschaft revolutioniert. Heute ist das Melken von 100 oder mehr Kühen nur noch mit Maschinen rentabel. Die Milchviehbestände der einzelnen Höfe sind heute wesentlich größer als noch vor wenigen Jahren.

Euter mit vier Zitzen

Melker beim Handmelken

ALT UND NEU
Heute werden die Kühe maschinell gemolken, aber nach wie vor zweimal täglich – am frühen Morgen und am späten Nachmittag. Kühe sind „Gewohnheitstiere": Zur entsprechenden Zeit trotten sie freiwillig zum Melkstand. Außerdem gibt es als Anreiz immer eine Extraportion Kraftnahrung. Das Fressen beruhigt die Kuh beim Melken. Vor dem Melken wird das Euter mit lauwarmem Wasser abgewaschen und die Vormilch auf Anzeichen für Infektionen untersucht. Melkmaschinen haben vier Saugnäpfe, die auf die Zitzen passen. Durch Erzeugen eines Vakuums wird die Milch abgepumpt. Das geschieht mit den gleichen sanften, rhythmischen Bewegungen, mit denen schon vor Jahrtausenden mit der Hand gemolken wurde.

Dreibeiniger Melkschemel

Londoner Milchmädchen (1808)

SCHWERES JOCH
Ehe man mit der Eisenbahn oder mit Tanklastern Frischmilch vom Land in die Städte bringen konnte, hielt man Kühe auch mitten in der Stadt. Mit zwei großen Eimern, die von einem hölzernen Joch herabhingen, zogen Milchverkäuferinnen und -verkäufer durch die Stadt. Zum Abmessen hatten sie unterschiedlich große Becher.

Die Eimer hingen an Ketten oder an Lederriemen.

KALTE TECHNIK
Schwarzbunte Kühe in einem modernen Melkstand: Beim Melken erhält jede Kuh eine speziell auf sie abgestimmte Kraftfutterration. Die Milchleistung wird protokolliert. Täglich wird die Milch in Tanklastern abtransportiert.

ZIEGENMILCH
Das älteste Milchvieh sind Ziegen und Schafe, die noch heute in manchen Ländern eine große Rolle spielen. Sie begnügen sich mit anspruchsloserer Nahrung als Rinder. Geißen (weibliche Ziegen) bekommen einmal im Jahr Zwillinge und geben bis zu fünf Liter Milch am Tag. In Frankreich werden über 1 Mio. Ziegen gehalten, aus deren Milch Käse hergestellt wird.

Nubische Ziegen
(Geiß mit Zicklein)

Der Melker ahmt mit seinen Handbewegungen das Saugen eines Kalbes nach.

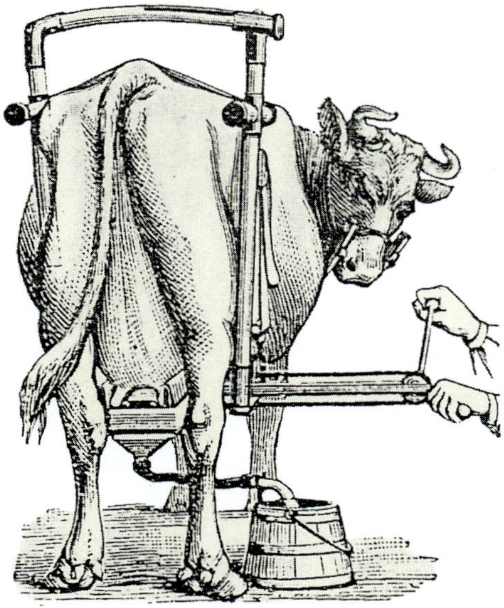

VERSUCHSTIER
Die ersten Melkmaschinen leiteten die Milch lediglich in einen Eimer. Diese handbetriebene dänische Maschine (1892) erzeugte eher einen ständigen Sog als rhythmische Abpumpbewegungen, wie sie natürlich von Kälbern und künstlich von den modernen Melkmaschinen erzeugt werden. Kein Wunder, daß die Kuh grimmig blickt!

GESUNDER APPETIT
Eine große Milchkuh braucht 70 kg Gras am Tag – pro Woche das gleiche an Futter, wie sie wiegt! – und zusätzlich Kraftfutter. Im Winter ersetzen Heu und Silage das frische Gras.

MILCHMANN
Dieser Milchmann (1814) transportiert Milch in Kannen auf einem Esel. Erst Ende des 19. Jh.s konnte Frischmilch mit der Eisenbahn auch über weitere Strecken geliefert werden.

Milchprodukte

Frischmilch bleibt nicht lange frisch. Daher verkauften die Bauern früher, als es noch keine Kühlgeräte und schnellen Transportmittel gab, haltbare Milchprodukte: (gesalzene) Butter und Käse. Bei einem Dutzend Kühe fielen auf einem Hof etwa 150 Liter Milch pro Tag an. Deren Weiterverarbeitung gehörte zum Aufgabenbereich der Bäuerin, ihrer Töchter und Mägde. Zum Buttern benötigt man viel Milch: für ein Kilo Butter den Rahm von 25 Litern Milch. In flachen Schüsseln, den Milchsetten, säuerte die Milch und setzte sich der Rahm ab. Zur Käsegewinnung gab man der Milch Milchsäurebakterien und Lab (ein Enzym aus dem Kälbermagen, das auch bei der modernen Käsegewinnung eingesetzt wird) zu, damit sie gerann. Der feste Quark wurde dann von der flüssigen Molke getrennt. Durch Erhitzen erhielt man aus dem Quark Kochkäse, die Molke verfütterte man an die Schweine. Andere Käsesorten erforderten etwas mehr Arbeit und z.T. lange Reifezeiten. Dennoch gab es von Landschaft zu Landschaft unterschiedliche Sorten. Heute werden Butter und Käse in hochtechnisierten Molkereibetrieben hergestellt, wenngleich einige Bauern weiterhin hausgemachte Produkte direkt verkaufen.

ABSAHNEN
Die Sahne (der Rahm) ist der leichteste Milchbestandteil, sie schwimmt daher oben. Mit solch einer Siebkelle konnte man sie abschöpfen.

Löcher im Deckel sorgten für kühlenden Luftzug.

KANNENWEISE
Von den Höfen wurde die Milch in großen Kannen auf Schiene oder Straße in nahegelegene Molkereien gebracht. Diese englische Milchkanne wurde bis 1958 benutzt. Heute übernehmen Tanklaster den Milchtransport. Sie fassen bis zu 20.000 Liter und halten die Milch kühl.

Mit dem Tauchstab wurde die Milch umgerührt, damit jeder Kunde seinen Teil Sahne abbekam.

Messbecher in mehreren Größen

AUS DEM EIMER
Milch wurde früher aus solchen Eimern in Milchläden verkauft. Ehe geschöpft wurde, rührte man die Milch sorgfältig um, damit nicht ein Kunde die ganze Sahne und ein späterer nur entrahmte Milch bekam.

FORMEN
Zur Kennzeichnung seiner Produkte hatte jeder Bauer seinen speziellen Butterstempel. Die Holzmodel zeigten oft hübsch geschnitzte ländliche Motive, z.B. Garbe, Ähren oder eine Milchkuh. Die links abgebildeten Butterstempel stammen aus den 20er- und 30er-Jahren. Heute haben sie Sammlerwert.

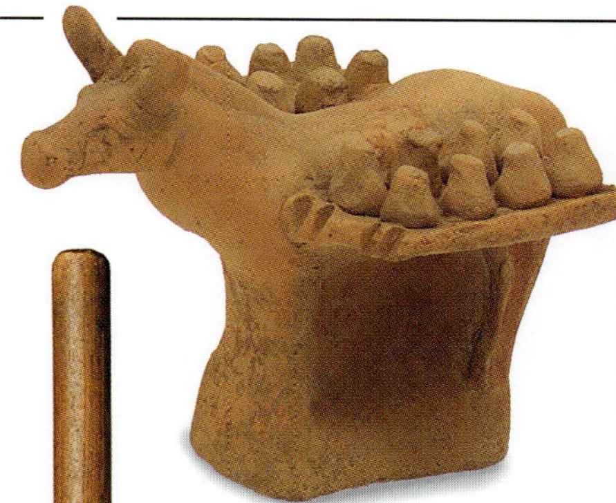

TONKÄSE
Seit Jahrtausenden erzeugt man aus der Milch von Kühen, Schafen und Ziegen Käse. Dieses Tonfigürchen zeigt ein mit Käselaiben schwer beladenes Maultier. Es stammt aus Italien (3. oder 2.Jh.v.Chr.) und sollte wohl als Glücksbringer für reiche Milcherträge sorgen.

Mit dem Griff wurde lediglich die Trommel in Drehung versetzt. Das genügte, um die Sahne zu Butter zu schlagen.

DREHMECHANISMUS
Drehbutterfässer wie dieses verwandte man ab etwa 1750. Durch Drehen der Kurbel konnte man innerhalb von fünf bis zehn Minuten größere Mengen Rahm in Butter verwandeln, was gegenüber dem Stampfbutterfass einen großen Fortschritt bedeutete. Für größere Stampf- oder Drehbutterfässer entwickelte man verschiedene Antriebssysteme, z.B. Hebelmechanismen und Hundegöpel (-tretmühlen).

Durch das schnelle Auf und Ab des Stampfers trennte sich das Fett (Butter) von der Buttermilch.

BUTTERN
Ab dem 16.Jh. benutzte man in Europa solche Stampfbutterfässer (rechts). Die Idee stammt wahrscheinlich aus Indien. Der abgeschöpfte Milchrahm wurde in das Butterfass gefüllt und mit einem durchlöcherten Stößer an einem langen Holzstiel so lange kräftig gestoßen, bis das Fett zusammengeballt war. Die Restflüssigkeit (Buttermilch) wurde abgegossen, die Butter geknetet oder gewalzt und dann mit kaltem Wasser abgespült.

Der lange Stiel ist an einem runden Stößer (im Fass) befestigt.

HARTE ARBEIT
Diese Abbildung zeigt eine Frau beim Buttern mit einem Stampfbutterfass (1823). Diese Methode war weit verbreitet.

Rinder

Vor über 9000 Jahren übernahm der Mensch das Rind in den Hausstand. Als Stammart gilt der eurasische Auerochse oder Ur. Einst hatte das Rind als Arbeitstier eine mindestens ebenso große Bedeutung wie als Fleisch- und Milchlieferant. Später wurde es als Zugtier vielerorts vom Pferd abgelöst und heute haben Traktoren die Arbeit von beiden übernommen. Dennoch sind Rinder weiterhin wichtige Nutztiere: Sie liefern Fleisch, Milch und Leder; Hornspäne (aus Hörnern und Hufen) werden als Dünger benutzt; und Rinderseren und andere Produkte finden in der Medizin Verwendung. Die meisten Rinder werden in Indien gehalten: fast 300 Mio. Tiere, die sich vom Zebu (Buckelrind) ableiten. In den USA, Argentinien und Australien, wo es noch im 18. Jahrhundert überhaupt keine Rinder gab, grasen heute riesige Herden.

HORNLOSES ROTVIEH
Das Red Poll (Hornloses Rotvieh) ist eine englische Zweinutzungs-Rinderrasse, d.h. die Tiere werden ihres Fleischs und ihrer Milch wegen gehalten. 1862 wurde diese Rasse, bei der weder Kühe noch Bullen Hörner haben, erstmals ausgestellt. Dieses Kalb hat noch recht lange Beine, doch mit zunehmendem Alter wachsen sie nicht mit und das Tier wird insgesamt gedrungener, aber nie so stämmig wie ein reines Fleischrind.

DIE RINDER DES WILDEN WESTENS
Longhorn-Rinder kamen in den 1520er-Jahren aus Spanien nach Mexiko und gelangten von dort im 19. Jh. in den Westen der USA. In den weiten Grassteppen ließ man riesige halbwilde Herden weiden. Cowboys trieben die Rinder zu den Viehmärkten in die Städte. Heute sind die Longhorns weitgehend von Rassen europäischen (vor allem britischen) Ursprungs verdrängt worden.

Die Schwanzhaare wachsen bis zum Boden, wenn man sie nicht schneidet.

Das Fell ist zweilagig: Das dichte, weiche Unterfell hält warm, und die dicken, borstigen Oberhaare schützen vor Regen.

Reinrassige Highland-Rinder sind meist rotbraun. Aber auch gelbe, weiße, schwarze und rot-schwarze Tiere gelten als dem Zuchtstandard entsprechend.

ALTES RIND
Die alten Ägypter züchteten schon um 3500 v.Chr. Rinder. Dieses Tonmodell zeigt ägyptische Metzger beim Schlachten eines Ochsen. Sie haben ihm die Beine zusammengebunden und schneiden ihm nun die Kehle durch. Die Ägypter züchteten auch besondere Rinder für den Kult zu Ehren ihres stierköpfigen Gottes Apis.

FLEISCHRINDER
Das Fleisch-Shorthorn wurde im 18.Jh. in England gezüchtet. 1810 erzielte ein Bulle dieser Rasse den Rekordpreis von 1000 Guineen.

KEIN KORKENZIEHER
Diese Anbindevorrichtung wird in den Boden geschraubt. Dann kann man das Rind mit einem Haltestrick am Ring festbinden.

IN ALLER WELT
Das Hereford-Rind stammt aus England, wo die Rinderzüchter vor 200 Jahren mit der gezielten Fleischrinderzucht begannen. Heute hält man Hereford-Rinder in über 50 Ländern.

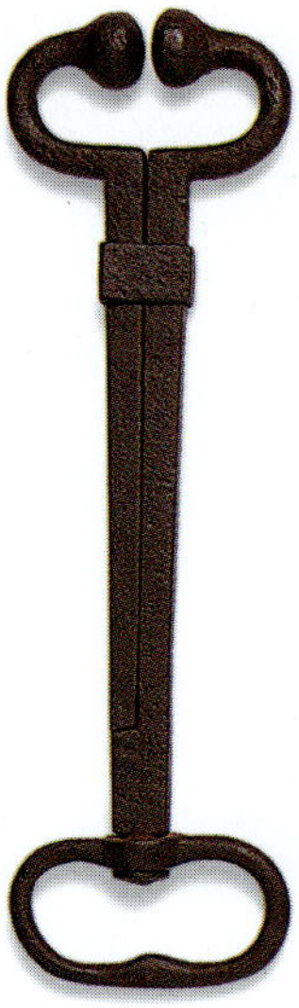

NASENKNEIFER
Mit einem solchen Kneifer kann man Rinder an der Nase herumführen.

FÜR SCHNELLE STEAKS
Das Aberdeen-Angus-Rind stammt aus Schottland. Es wächst schnell und liefert hochwertiges Rindfleisch, das gute Preise erzielt.

HIGHLANDER
Das Schottische Hochlandrind ist anspruchslos, wetterhart und langlebig. Daher hält man es schon seit dem 16.Jh. in den unwirtlichen Bergen Nordschottlands. Heute findet man das hübsche, kleine Rind nicht nur dort, sondern auch in anderen Ländern Europas, in Nordamerika und Australien – allerdings immer nur kleine Herden. Die Hörner erinnern noch stark an die Stammart aller Rinder, den seit 1627 ausgerotteten Auerochsen. Schottische Hochlandkühe können länger als andere Rassen Kälber gebären (bis zum Alter von 17 Jahren) und gelten als besonders fürsorgliche Mütter.

Schafe

Fürsorglich: ein Hirte mit zwei Lämmern

BESITZANZEIGEND
Solche Eisen tauchte man in Farbe oder Teer und markierte damit die Schafe.

Schafe sind genügsame Tiere mit einem Fell, das sie auch im Winter im Freien warm hält. Doch sie sind anfällig für Parasiten und Krankheiten. Schon in prähistorischer Zeit wurden asiatische Wildschafe in den Hausstand übernommen. Die ersten Hausschafe hielt man vor allem wegen ihrer Felle, der Milch und des Fleischs. Geschoren wurden Schafe erst in späterer Zeit. Ihre Bedeutung als Fleischlieferanten nahm zu, als die Städte wuchsen. Die Bauern begannen, durch gezielte Kreuzungen und Auslese Rassen zu züchten, die nicht nur Wolle, sondern auch mehr Fleisch lieferten. Im 19. Jahrhundert war die Nachfrage nach beidem dann so groß, dass Europäer in Australien, Neuseeland und anderen Ländern riesige Schaffarmen aufbauten. Heute hält und züchtet man Schafe in aller Welt. Es gibt Dutzende von Rassen, die man in drei Gruppen einteilen kann: Wollschafe (mit langer Wolle, aber geringer Fleischleistung), Fleischschafe (mehr Fleisch und weniger Wolle) und Bergschafe (gutes Fleisch, unterschiedliche Wollqualitäten).

Mit der großen Krücke kann der Schäfer Schafe am Hals fassen.

HIRTENSTAB
Das wichtigste Werkzeug und Kennzeichen des Schäfers ist der Hirtenstab. Er dient zum Einfangen und Heranziehen von Schafen, als Wanderstab beim Umherziehen mit der Herde und zur Verteidigung gegen Wölfe.

Mit dem kleinen Krückstab kann der Schäfer Schafe am Hinterbein packen.

Schafglocke

KLINGENDE GLOCKEN *links*
Damit die Schafe in offener Landschaft nicht verloren gehen, bindet man ihnen Glocken um. Deren gleichmäßiges Bimmeln verrät dem Hirten, wo die Tiere friedlich grasen; rasches Gebimmel deutet auf Gefahr hin.

Lange Wolle für weiche Wollstoffe

SCHWERGEWICHT
Das Lincoln-Longwool-Schaf (links) ist eine sehr große Rasse. Die männlichen Tiere (Widder, Böcke) bringen bis zu 140 kg auf die Waage. Von England aus wurde die Rasse in alle Welt verbreitet.

TAUCHBAD
Zum Schutz vor Parasiten und Krankheiten wie z.B. der Schafräude taucht man die Tiere in einem Chemikalienbad kurz unter. Damit der Schutz wirksam ist, müssen die Chemikalien den ganzen Körper benetzen. Meist werden die Schafe zweimal jährlich behandelt.

WEITES LAND *links*
Auf den großen Schaffarmen Australiens ist die Vegetation oft so karg, dass ein Schaf bis zu 4 ha Weidefläche braucht – eine Herde von 10.000 Tieren also 400 km² (das entspricht den Ausmaßen einer Großstadt). Solch große Herden auf derartigen Flächen kann man nur mit Hilfe moderner Technik hüten. Hier treibt ein Schäfer seine Merino-Herde mit dem Motorrad zusammen. Merino-Schafe gehören zu den bekanntesten Wollrassen.

Schäferwagen mit Bett und gusseisernem Ofen

Die einzige Gesellschaft des Schäfers war sein Hund.

IM DIENST DER HERDE
Früher lebten die Schäfer, die immer bei ihrer Herde bleiben mussten, in Schäferwagen. In der Lammzeit bauten sie manchmal einen Zaun um den Wagen, hinter dem Mutterschafe und Junglämmer Schutz fanden. Kranke Lämmer nahmen sie sogar mit in den Wagen und ließen sie unter dem Bett schlafen.

Das Wensleydale-Schaf ist groß und hornlos und hat ein blauschwarzes Gesicht.

Das Wensleydale und verwandte Rassen liefern hochwertige Wolle.

Die raue, harte Wolle des Greyface-Dartmoor-Schafs wird vor allem zu Teppichen verarbeitet.

OSTERLÄMMER
Die meisten Lämmer kommen im Frühling (um Ostern herum) im Freien zur Welt. Manche Schafhalter versuchen die Schafe früher zum Lammen zu bringen, sodass die Jungen noch im Stall geboren werden. Die Tragzeit beträgt etwa 150 Tage. Meist bringen Schafmütter Zwillinge zur Welt, oft aber auch nur ein Lamm, selten Drillinge.

DIE ENTSCHEIDENDE FRAGE
Wensleydale-Widder werden oft für Kreuzungen mit anderen Rassen benutzt. Ein Schafbock kann bis zu 100 Weibchen begatten und gute Zuchtwidder sind gefragt. Weniger Erfolg versprechende männliche Lämmer mästet man. Die Winterlämmer kommen schon nach zehn Wochen auf den Markt, wenn die Preise für Lammfleisch hoch sind. Die Frühjahrslämmer werden über den Sommer gemästet. Besonders gut setzen die kastrierten Männchen (Hammel) Fleisch an.

Schafschur

In den Anfangszeiten der Schafzucht schlachteten die Bauern die Schafe und zogen ihnen das Fell ab, um die Wolle zu erhalten. Doch schon die alten Griechen schoren die Schafe, denen dann im Laufe des Jahres ein neues Vlies (Wollkleid) wuchs. Je nach Rasse wiegt ein Schafvlies 2–9 kg. Die Schafe werden im Sommer geschoren. Noch heute reisen die Schafscherer in vielen Ländern von Farm zu Farm. Heute benutzt man für die Schafschur elektrische Scherapparate, mit denen ein Schaf in kaum mehr als einer Minute geschoren ist. Der Weltrekord im Schafscheren liegt bei 805 Schafen in neun Stunden – das sind 89 Schafe pro Stunde! Die Bilder auf dieser Doppelseite zeigen die Schur eines Schafes mit einer Handschere, wie man sie vor der Erfindung der Schermaschinen im 19. Jahrhundert benutzt hat. Auch mit diesem einfachen Instrument dauerte die Prozedur nur knapp über fünf Minuten.

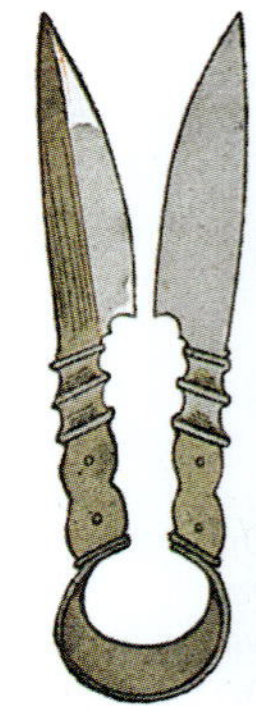

Schere mit Sprungfedern: Die Scherenblätter springen nach jedem Schnitt von selbst wieder auf.

1 AUFSTELLEN
Der Scherer will ein Norfolk-Horn-Schaf scheren. Er fasst das Schaf mit einer Hand unter dem Hals und mit der anderen im Rumpffell. So kann er das Tier in eine Sitzlage bringen. Schafe bleiben nur liegen, wenn der Untergrund eben ist und man sie mit sanfter Gewalt festhält.

3 UMDREHEN
Mit der linken Hand fasst der Scherer das Schaf an einem Horn und dreht es auf die andere Seite, während er mit dem rechten Fuß über die Beine hinwegsteigt.

Das Schaf wird in zwei Schritten geschoren – rechts und links der Wirbelsäule.

2 EINE SEITE
Im Knien bettet der Scherer den Schafrumpf über sein linkes Bein und hält Kopf und Schulter mit einem Arm fest, während er mit dem anderen schneidet. Er beginnt an der Stelle, wo die Rippen zusammenstoßen. Bei dieser Rasse wird das Bauchfell getrennt abgeschnitten, bei manchen anderen Rassen schneidet man das Vlies in einem Stück. Die Schur erfolgt vom Hals über die Flanken bis hinunter zum Hinterbein.

Um einen Anfang zu machen, muss zuerst mit den Spitzen der Schere ins Vlies gestochen werden.

Die Handkurbelmaschine wurde von zwei Personen bedient.

Ein Gelenk zwischen den Verbindungsstangen sorgte dafür, dass der Scherer ein bisschen Bewegungsfreiheit hatte.

OHNE STROM
Um 1870 kamen die ersten Scherapparate auf – handgetriebene, mechanische Modelle wie dieses, bei dem eine Person die Kurbel betätigte und eine zweite den eigentlichen Scherapparat führte. Bald wurden solche Maschinen von elektrischen Scherapparaten abgelöst, die ein Mann allein bedienen konnte.

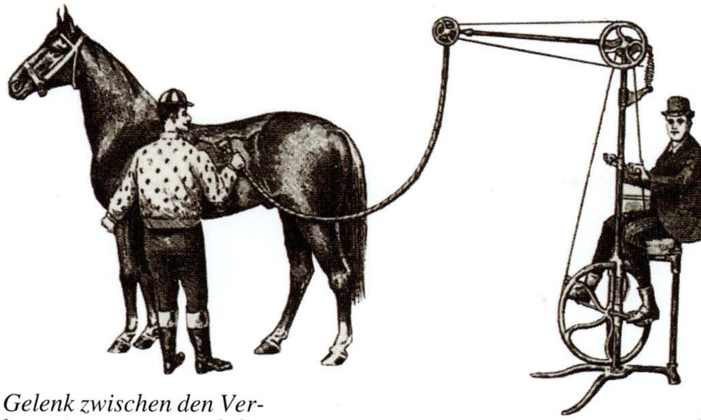

MIT PEDAL
Dieser Scherapparat ist ungewöhnlich! Über Fahrradpedale wird ein Rad angetrieben, dessen Schwingungen über mehrere Zahnräder und ein segeltuchummanteltes Stahlkabel übertragen werden. Geschoren wird aber kein Schaf, sondern das ohnehin schon kurze Fell eines Rennpferdes.

5 VERWANDELT
Das 70 kg schwere Schaf ist jetzt 2–3 kg leichter und sieht ganz verändert aus. Sollte es Verletzungen davongetragen haben (was bei erfahrenen Scherern aber selten vorkommt), werden die Wunden mit einem Antibiotikum oder einer desinfizierenden Wundsalbe behandelt.

4 DIE ANDERE SEITE
Das Schaf liegt jetzt flach auf dem Boden und der Scherer hält mit dem linken Bein Kopf und Schulter fest. Das Schaf muss unbedingt ruhig liegen bleiben, sonst kann der Scherer das Tier oder sich selbst verletzen.

Der Scherer schneidet jetzt vom Rückgrat nach unten.

Mit beiden Armen und beiden Beinen hält der Scherer das Schaf unter Kontrolle.

Die Halswolle wird zu einem Strang gedreht.

6 AUFGEWICKELT
Das Vlies wird ausgebreitet, die Seiten zur Mitte eingeschlagen und das Ganze aufgerollt. Die Halswolle wird zu einem Seil gedreht, mit dem das Bündel geschnürt wird. Die Vliese von etwa 30 Schafen kommen dann zusammen in einen Wollsack, in dem sie zur weiteren Verarbeitung abtransportiert werden.

Ziegen

Ziegen sind äußerst genügsame Tiere. Sie können noch viel kürzeres Gras abweiden als Schafe und geben sich auch mit Dornengestrüpp zufrieden. Die Böcke erkennt man an ihrem Bart und an ihrem zeitweilig sehr strengen Geruch. Die Geiß galt früher als die „Kuh der Armen“. Zum Haustier wurde die Ziege wahrscheinlich vor 10.000 Jahren im Nahen Osten. In Europa hält man Ziegen vor allem wegen ihrer Milch, die vorwiegend zu Ziegenkäse verarbeitet wird, aber auch zu Joghurt und Schokolade. Nubische Ziegen werden in Asien ihrer Milch und ihres Fleischs wegen, Wollziegen wie die Angoraziege und die Kaschmirziege in vielen Teilen der Welt wegen ihres besonders hochwertigen, feinen Vlieses gehalten.

UNERSÄTTLICH
Ziegen muss man hüten, sonst fressen sie ganze Landstriche kahl. Auf der Mittelmeerinsel Zypern (unten eine dortige Herde) haben Ziegen früher ganze Wälder zerstört.

Anders als bei den Schafen tragen bei den Ziegen beide Geschlechter Hörner.

GOLDENES VLIES
Die Golden-Guernsey-Ziege gilt als sehr sanft und gelehrig. Solche Eigenschaften sind bei Ziegen eher selten; sie gelten als störrisch. Diese Rasse wurde erstmals 1826 erwähnt – auf der Kanalinsel Guernsey. Ihre Ahnen kommen wahrscheinlich aus Frankreich, Syrien und Malta. Die Golden Guernsey ist relativ klein. Geißen können etwa acht Jahre lang jährlich zwei Zicklein (Lämmer) zur Welt bringen.

Die Böcke werden bis zu 70 kg schwer, die Geißen 50 kg.

Das Fell einer Golden Guernsey kann lang oder kurz sein.

SCHWEIZER LÄMMER
Eine Saanenziege (links) und eine Saanen-Toggenburger-Kreuzung. Beide Rassen stammen aus der Schweiz.

KLEIN IST FEIN
Die Zwergziegen gehören zu den Wollrassen. Diese kleine Rasse stammt aus Äquatorialafrika, wo sie noch weit verbreitet ist. Es gibt sie in allen Farben außer Reinweiß. Nordafrika ist das Zentrum der Ziegenlederindustrie. Von dort kommt das bekannte Kid oder Glacéleder.

Die Saanengeißen sind berühmt für ihre Milchleistung – etwa 3000 Liter im Jahr.

ERKENNUNGS-ZEICHEN: OHREN
Die Saanenziege stammt aus der Schweiz und ist eine typische europäische Rasse mit Stehohren. Die asiatischen Rassen haben eher Hängeohren.

HOCH HINAUS
Ziegen sind als die Bergtiere, die sie ursprünglich waren, sehr klettergewandt. Auf der Suche nach Essbarem hat sich diese Ziege im Norden Kenias ins dornige Geäst eines Baumes begeben.

Das Fell weist unterschiedliche Goldschattierungen auf, manchmal auch weiße Stellen.

Die Hörner der Böcke sind länger als die der Geißen.

Angoraziegen haben ein grobes Unterfell und lange, lokkige Deckhaare, die eine der wertvollsten Wollsorten der Welt ergeben.

Das Vlies einer ausgewachsenen Angoraziege wiegt bis zu 7 kg.

MOHAIR
Die Kämel- oder Angoraziege kommt aus Ankara (daher ihr Name!), wird heute aber überall auf der Welt gehalten. Die Wolle kommt als Mohair oder „Kamelhaar“ (richtiger: Kämelhaar) in den Handel.

Schweine

Noch bis ins späte 18. Jahrhundert ließ man Hausschweine in den Wäldern weiden. Mit der Schnauze wühlten die Tiere Maden- und Wurzelnahrung aus dem Boden und suchten Eicheln und Bucheckern. Nur zum Ferkeln brachte man die Säue in schützende Ställe. Heute werden Schweine, vor allem in großen Mastbetrieben, in Ställen gehalten, meist in Fressliegeboxen mit Spaltenböden (ohne Streu). Freilandschweine hält man auf eingezäunten Weiden; Ein überdachter Schuppen bietet Schutz vor schlechtem Wetter. Die meisten „modernen“ Schweine wachsen schnell und liefern vorwiegend mageres Fleisch. Ein ausgewachsener Eber der englischen Rasse Large White bringt 500 kg auf die Waage. Schweine sind Allesfresser: Sie leben von Getreide, Gemüse, aber auch von Molkerei-, Brauerei- und Küchenabfällen. Sie liefern uns Fleisch, Speck, Schinken und Wurst, ihre Haut wird zu Leder verarbeitet (z.B. Porknappa), ihre borstigen Haare zu Pinseln. Aus ihren Organen gewinnt man Medikamente.

FREILANDSCHWEIN
Im Mittelalter ließ man die Schweine in Wäldern und Obsthainen weiden. Ein Schweinehirt hütete die Herde – wie ein Schäfer die Schafe.

HAUSSCHLACHTUNG
Es ist noch nicht allzu lange her, da fütterte praktisch jede Familie auf dem Land Schweine für den eigenen Bedarf.

SCHÖNHEIT IST NICHT ALLES
Das kleine, gelehrige Vietnamesische Hängebauchschwein ist bei kleinen Bauern in aller Welt beliebt.

VORFAHREN
Die modernen Schweinerassen entstanden durch Kreuzung europäischer und südostasiatischer Schweine. Das genügsame Tamworth-Schwein (rechts) hat seine rotbraune Farbe vielleicht von einem Zuchteber, der um 1800 aus Indien kam.

Reinrassige Tamworth-Schweine wie diese Sau (oben) sind heute selten.

SATTELSCHWEIN
Das Englische Sattelschwein (British Saddleback) ist eine relativ junge Rasse: Sie entstand erst 1967 aus der Kreuzung zweier Rassen aus verschiedenen Landesteilen Englands. Das Englische Sattelschwein ist ein Weideschwein, das sich gut für die Freilandhaltung eignet, die heute wieder an Bedeutung gewinnt. Außerdem ist diese Rasse sehr gutmütig. Hier sieht man eine Sau mit einem ihrer Ferkel. Das Kleine ist zwölf Wochen alt und seit acht Wochen entwöhnt (es trinkt keine Muttermilch mehr). Je nach Rasse werfen die Sauen bis zu 20 Ferkel (durchschnittlich zehn) – bis zu zweimal im Jahr. Neugeborene Ferkel wiegen nur etwa 1,5 kg, doch in weniger als einem halben Jahr erreichen sie 100 kg.

TRÜFFELSCHNÜFFLER
In Frankreich richten die Bauern Schweine zum Trüffelsuchen ab. Diese unterirdisch wachsenden Pilze sind teure Delikatessen.

Gloucestershire-Old-Spots-Schwein

CHARAKTERKOPF
Bei Zuchtausstellungen sind Schweine wie dieses Middle White Publikumsmagneten.

EIN SCHWEIN FÜR ALLE JAHRESZEITEN
Das Gloucestershire-Old-Spots-Schwein stammt aus dem Berkeley-Tal in der englischen Grafschaft Gloucestershire. Dort trieb man die Schweine zum Fallobstfressen in die Apfelplantagen und fütterte sie mit Molke, die bei der Käseherstellung anfiel. Jung geschlachtet, liefern die Schweine dieser Rasse zartes Fleisch. Mästet man sie länger, erhält man besseren Schinken und mehr Wurstfleisch.

Der Sattel: ein rosaweißes Band läuft über Schulter und Vorderbeine.

Die großen Hängeohren fallen über die Augen.

Sauen haben viele Zitzen, mit denen sie ihre vielen Ferkel säugen können.

Schweine haben vier Zehen, von denen die vorderen beiden einen Paarhuf bilden.

DAS HUHN DES KAISERS
Das Peking-Bantam-Huhn ist ein federfüßiges Zwerghuhn, das aus dem Sommerpalast des Kaisers von China nach Europa kam. Es gleicht dem Cochin, einer alten asiatischen Haushuhnrasse, ist aber viel kleiner.

Hühner

Körner und Würmer pickende Hühner auf dem Hühnerhof und ein Hahn, der auf dem Misthaufen sein „Kikeriki“ erschallen läßt: Solche Bilder prägen noch heute die Vorstellung von Hühnerhaltung. Freilandhühner gibt es jedoch fast nur noch in der ökologischen Landwirtschaft. Die meisten Eier und Brathähnchen im Supermarkt kommen von riesigen Hühnerfarmen, in denen über 100.000 Hühner auf engstem Raum in Käfigen leben. Die Eierproduzentinnen und Masthähnchen sind meist Hybriden – Inzuchtkreuzungen für hohe Eier- bzw. Fleischleistung. Die Legehennen leben in Legebatterien mit winzigen Käfigen, die keinen Bewegungsfreiraum lassen. Die Eier fallen auf Fließbänder und werden maschinell sortiert. Nach einem Jahr enden die Tiere als Suppenhühner. Die Masthybriden werden in Brutschränken 21 Tage lang künstlich bebrütet und dann mit Kraftfutter in sieben bis zehn Wochen auf das gewünschte Schlachtgewicht gebracht.

Das Zwerghuhn hat befiederte Beine und Füße wie das Cochin, wiegt aber nur ein Drittel von dem, was ein Cochin-Huhn auf die Waage bringt.

Legeabteile erleichtern das Auffinden der Eier.

Seitenansicht des Hühnerstalls

SICHERES HAUS
Dieser fahrbare Hühnerstall hat Fensterläden, die nachts die Kälte – und Füchse! – abhalten.

Durch das Flugloch können die Vögel auch bei geschlossener Tür ein- und ausfliegen.

Vorderansicht des Hühnerstalls

Helle Sussex-Hühner

HÜHNERSTALL
Freilandhühner brauchen ein Hühnerhaus, in dem sie ihre Eier legen und ausbrüten können. Nachts muss es gegen Füchse sicher abgeschlossen werden können. Dieser Hühnerstall hat Räder, sodass man die Hühner immer zu frischen „Weiden“ bringen kann. Den Hühnerhof muss man dann immer mit Hühnerdraht abgrenzen.

ZÜCHTERSCHATZ
Alte Rassen findet man nicht in den Lege- oder Mastfabriken. Sie haben nur überlebt, weil einige Züchter sie als „Genreserve“ für neue Kreuzungen bewahren. Bei den alten Rassen findet man viele Eigenschaften, die den modernen Züchtungen abhanden gekommen sind.

FÜR DIE KÖNIGIN
Brahma-Hühner stammen aus Bengalen. 1852 schenkte ein englischer Züchter Königin Victoria neun dieser riesenhaften Hühner und machte damit die Öffentlichkeit auf sich und diese Rasse aufmerksam. Abgebildet ist hier ein Paar Dunkle Brahma-Hühner.

Das braune Ei stammt von einem Gelben Sussex-Huhn.

Das blaßblaue Ei einer Moschusente

Das weiße Ei eines Silber-Dorking-Huhns

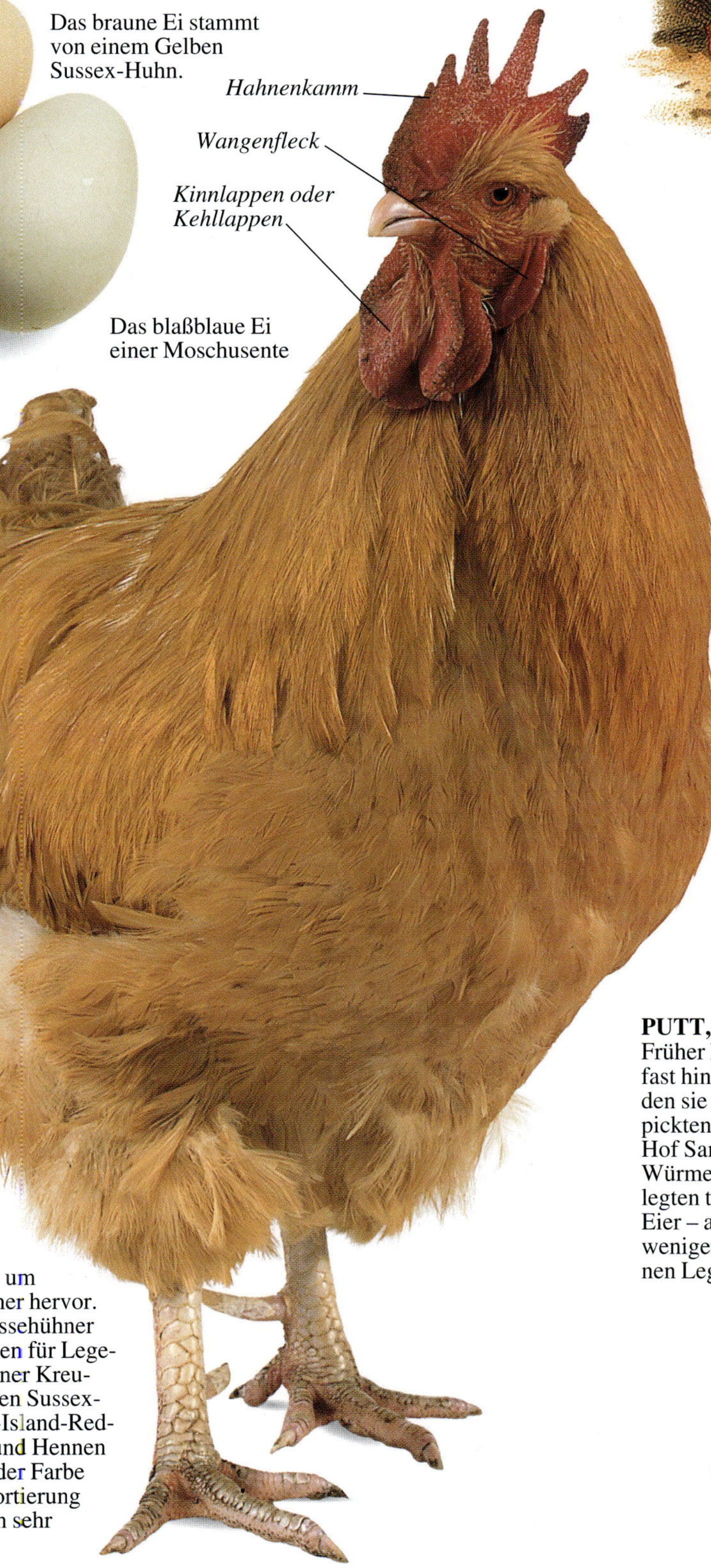

Gelbes Orpington-Huhn

KÄMPFER
Die vor 200 Jahren aus Asien nach Europa eingeführten Malaien werden bis zu 80 cm groß. Sie sind sehr aggressiv, also bestens für die bis ins 19. Jh. verbreiteten grausamen Hahnenkämpfe geeignet.

Gelbes Sussex-Küken

Silber-Dorking-Küken

PUTT, PUTT, PUTT…
Früher hielt man auf dem Land Hühner fast hinter jedem Haus. Gefüttert wurden sie mit Küchenabfällen, außerdem pickten sie auf Wiese und Hof Samen, Insekten und Würmer auf. Die Hennen legten täglich frische Eier – allerdings weitaus weniger als die modernen Legehybriden.

FLEISCH UND EIER
Aus Kreuzungen asiatischer Haushühner gingen um 1880 die Orpington-Hühner hervor. Sie dienen wie andere Rassehühner vor allem als Stammformen für Lege- und Masthybriden. Bei einer Kreuzung zwischen einer Hellen Sussex-Henne und einem Rhode-Island-Red-Hahn ließen sich Hähne und Hennen schon als Küken anhand der Farbe unterscheiden, was die Sortierung nach Lege- und Masthuhn sehr vereinfachte.

Enten und Gänse

Enten und Gänse mästete man früher nicht nur als Festtagsbraten, man rupfte sie auch bis zu fünfmal jährlich. Mit den Federn füllte man Federbetten und stopfte Polstermöbel; außerdem verwendete man sie zur Befiederung von Pfeilen und zum Schreiben. Darüber hinaus lieferten die großen Vögel auch Eier. Im Mittelalter ließ man Gänse in großen Scharen auf Wiesen grasen; gehütet wurden sie von einem Gänsehirten oder einer Gänsemagd. Wenn die Tiere schlachtreif waren, trieb man sie in die Stadt zum Markt. Dazu tauchte der Gänsehirt die Füße der Vögel in Teer, damit sie auf dem weiten Weg nicht wund wurden. Truthühner (Puten) stammen aus Amerika. In Europa gibt es sie daher erst seit dem 16. Jahrhundert. Mit der Zucht begannen um 1500 spanische Siedler in Amerika. Die Haltung von Puten unterschied sich kaum von der von Gänsen. Als Braten für besondere Anlässe verdrängten sie bald Schwäne und Pfauen. Heute werden Puten, ähnlich wie Hähnchen, in Mastfabriken gehalten. Enten und Gänse aber gedeihen unter diesen Bedingungen nicht und werden daher nach wie vor in Freilandhaltung gemästet.

HOFTIERE
Für Hausenten ist ein Teich oder Fluss keine absolute Notwendigkeit. Sie wandern gern umher, fressen Gras und Kräuter, Würmer und Maden, doch nachts brauchen sie eine schützende Mauer. Will man ihre Eier sammeln, muss man ihnen zum Legen einen Stall zur Verfügung stellen.

Sachsenente

Höckergans (Ganter)

WEIDEVOGEL
Gänse fressen vor allem junges Gras und Kräuter. Die meisten Hausgansrassen stammen von der Graugans ab, auch die ersten Hausgänse überhaupt. Sie wurden vor mindestens 4000 Jahren im alten Ägypten gezüchtet. Die Höckergans (oben rechts) aber geht auf die asiatische Schwanengans zurück.

WÄCHTERVOGEL
Gänse sind für ihre Aggressivität und ihr lautes Geschnatter bekannt. Sie gelten als gute Wächter. 390 v.Chr. soll eine Gänseschar die Stadt Rom vor nächtlichen Eindringlingen gewarnt haben. Die Gänse machten solch einen Lärm, dass die Bewohner erwachten und sich zur Wehr setzen konnten.

Orpington-Ente

EIERADOPTION
Auf vielen Bauernhöfen leben Enten und Hühner zusammen. Wenn Enten ihre Eiergelege vergessen, was öfter vorkommt, schiebt man sie den Hühnern unter, die sie dann ausbrüten.

MOSCHUSENTE
Die üblichen Hausenten stammen von der Stockente ab. Es gibt jedoch auch Haus-Moschusenten, die sich von der Moschusente ableiten, so diese Lavender-White-Farbvariante (links). Moschusenten stammen aus Südamerika, wo sie von den Inkas in den Hausstand übernommen wurden. Sie sind große Tiere, deren Eier eine Brutzeit von 35 Tagen haben – eine Woche länger als die anderer Rassen.

LAUFEN UND LEGEN
Auch die Indische Laufente ist eine Zuchtform, die sich von der Stockente ableitet. Früher wurde sie vor allem als Legeente eingesetzt, denn sie legt bis zu 300 Eier im Jahr. Heute ist sie mit ihrer aufrechten Laufhaltung, ihrer knappen Befiederung und vielen Farbschlägen (z.B. Forellengrau) fast ganz zum Schau- und Ausstellungstier geworden.

NICHT NUR ZUR WEIHNACHTSZEIT
Truthühner (Puten) sind in England und Amerika der traditionelle Weihnachtsbraten. In vielen anderen Ländern sind Putenschnitzel, -braten und -wurst das ganze Jahr über als mageres Diätfleisch beliebt. Die heutigen Zuchtputen haben ein weißes Gefieder. Oben sieht man einen Norfolk-Puter. Diese alte englische Rasse wird heute nur noch von Kleinzüchtern gehalten.

EINLADUNG
Zum Anlocken von Wildenten als Brutvögel stellen Bauern und Jäger solche Nistkörbe auf.

Die Zukunft der Landwirtschaft

FREUND ODER FEIND?
Einige Insekten sind Schädlinge, viele aber harmlos oder sogar nützlich. Der Marienkäfer z.B. ist ein Schädlingsbekämpfer. Sowohl die Larven als auch die ausgewachsenen Käfer fressen Blattläuse, die als Pflanzensauger die Ernte schädigen können. Seit man festgestellt hat, daß chemische Schädlingbekämpfung auch bei Menschen zu Gesundheitsschäden führen kann, greifen immer mehr Bauern auf biologische Schädlingsbekämpfung mit Hilfe von Nutzinsekten zurück.

Die heutigen Hühner legen doppelt so viele Eier wie die Hühner vor 80 Jahren und die Getreidesorten der 1990er-Jahre bringen den dreifachen Ertrag derjenigen um 1950. Auch weiterhin werden neue, leistungsstarke Haustiere und Nutzpflanzen entwickelt – durch Züchtung und neuerdings auch mit Hilfe der Gentechnik. Doch der Fortschritt hat seinen Preis. Da man nur die nutzbringendsten Tierrassen und Pflanzensorten verwendet, sterben andere aus. Auch fügen einige Methoden der modernen Landwirtschaft der Umwelt schweren Schaden zu. In einer Zeit, in der fast nur große landwirtschaftliche Betriebe mit einem gewaltigen Maschinenpark profitabel wirtschaften können, verdrängen Maschinen die Menschen aus der Landarbeit. So arbeiten heute in Europa nur noch halb so viele Menschen in der Landwirtschaft wie vor 30 Jahren. Hier und da aber wenden sich manche Bauern bewusst traditionellen Landwirtschaftsmethoden zu, züchten aussterbende Haustierrassen und beleben alte Getreidesorten wieder. In ärmeren Ländern hat sich die Landwirtschaft seit Jahrtausenden kaum verändert.

Die Fellfarbe des Jacobschafs variiert von Weiß bis Schokoladenbraun.

ALT UND MODERN
Der Name Jacobschaf leitet sich von der biblischen Geschichte ab, nach der Jakob sich aus der Herde seines Schwiegervaters alle gescheckten Tiere aussuchte, nachdem er durch Zuchtwahl für möglichst viele derartige Tiere gesorgt hatte. Ganz so alt wie diese Geschichte ist die Rasse zwar nicht, aber immerhin schon einige hundert Jahre. Die Widder haben bis zu sechs Hörner. Die Wolle ist robust und das Fleisch sehr schmackhaft.

DER WERT DER ALTEN RASSEN
Für neue Haustierzüchtungen muß man auf eine Fülle von Rassen mit den unterschiedlichsten Merkmalen zurückgreifen können. Da die Bauern, die von der Tiererzeugung leben, jedoch kaum alle diese Rassen halten können, starben in der Vergangenheit zahlreiche alte Rassen aus. Heute gibt es in vielen Ländern Organisationen zum Schutz alter Nutztierrassen. Außerdem sorgen spezielle Haustierparks für die Erhaltung gefährdeter Nutztierrassen.

Schweine haben eine empfindliche Haut (da sie nicht von einem dichten Fell geschützt ist) und können daher leicht einen Sonnenbrand bekommen. Regen und Kälte mögen Schweine genauso wenig.

Gloucestershire-Old-Spots-Sau

KLASSE UND RASSE STATT MASSE

Fünfzig Jahre nachdem die ersten Hühnerfarmen mit Massentierhaltung in Legebatterien entstanden, erleben Freilandhühner heute ein Comeback. Von den fast 20 Mrd. Eiern, die in Deutschland jährlich auf den Tisch kommen, stammen zwar nur etwa 10% von Freilaufhühnern, doch die Tendenz ist steigend. Die Menschen, die Eier von „glücklichen Hühnern“ kaufen, tun dies z.T., weil sie die Massentierhaltung prinzipiell ablehnen, z.T aber auch, weil sie sie wohlschmeckender finden. Doch auch wenn derartige Ansätze in vielen Bereichen der Landwirtschaft erkennbar sind und wenn neue, weniger krankheitsanfällige Züchtungen die Schonung der Umwelt erleichtern – der Trend zu immer höheren Erträgen und immer mehr Profit hält an.

RETORTENBABYS

Mit gentechnischen Methoden lassen sich heute Pflanzen „verbessern“. Diese „Retortenpflanzen“ wurden nicht aus Samen gezogen, sondern aus normalen Zellen einer Elternpflanze. Ausgewählt werden die krankheitsresistenten Zellen, sodass die Tochterpflanzen nicht gespritzt werden müssen.

NATURNAH

Eine Methode des ökologischen Landbaus: Indem man zwei passende Feldfrüchte nebeneinander auf demselben Feld anbaut (Zwischenpflanzung), kann man Kunstdünger und Schädlingsbekämpfungsmittel sparen. Hier sieht man Bohnen und Weizen. Die Bohnen nutzen mit Hilfe von Knöllchenbakterien den Luftstickstoff und düngen damit den Boden auch für den Weizen. Möhren und Zwiebeln passen gut zusammen, weil sie sich gegenseitig vor Schädlingen schützen. Ähnliches gilt für andere Fruchtkombinationen.

Gloucestershire-Old-Spots-Ferkel

Register

A, B, C

D, E, F

G, H

I, J, K

L, M

N, O, P

R, S

T, U, V

W

Z

Bildnachweis

o = oben, u = unten, m = Mitte, l = links, r = rechts

Heather Angel: 8ol; Bridgeman Art Library, London/Ackermann & Johnson Ltd., London: 61ol/Chris Beetles, London: 40or/British Library, London: 6uml/Iona Antiques, London: 7ol, 49ol; British Museum: 6omr; J. L. Charmet: 21ol/Bibl. des Arts Décoratifs: 22omr, 23om, 37umr, 59ur; Bruce Coleman Ltd./John Anthony: 43or/Mark N. Boulton: 32mu/Eric Crichton: 45ur/Dr. Sandro Prato: 31ur/Michel Viard: 57ol; Colorific/Don Rutledge/Black Star: 56omr; John Deere Ltd.: 32mr; Ecoscene/Anthony Cooper: 45ol/Kay Hart: 63mr; e. t. archive: 17or, 32or/Biblioteca Estense Modena: 20ml/Bibliothèque Nationale, Paris: 16or/Victoria & Albert Museum: 18ur; Mary Evans Picture Library: 12uml, 13ol, 16ml, 20um, 26um, 32ol, 34or, 34um, 35mr, 59om, 59or, 59mr; FLPA/E. & D. Hosking: 33mr/Mark Newman: 36ml; Giraudon/Bridgeman Art Library, London/Musée des Beaux-Arts, Nantes: 39ur/Musée Condé, Chantilly: 7or, 56ol; Robert Harding Picture Library/David Beatty: 13omr; Michael Holford: 14–15o; Holt Studios International: 15or/Richard Anthony: 42uml/Nigel Cattlin: 31m, 36umr, 54ml, 63ol/P.Karunkaran: 30ul/Inga Spence: 31mr; Hutchison Library/Tony Souter: 11ur; Image Bank/Barros & Barros: 27ol; Images Colour Library: 11om; Magnum Photos/Guy Le Querrec: 36u; Mansell Collection: 9or, 17oml, 24m; NHPA/Anthony Bannister: 62ol; Pictor International: 54or; Ann Ronan bei Image Select: 8ur, 15ur, 17om, 29oml, 44ul, 46ol, 47mr, Einbandrückseite mlu; Rural History Centre, University of Reading: 10or, 11ol, 14ml, 14ur, 18ml, 21ul, 22m, 26or, 50ol, 50ul, 51or; Science Museum: 29m; Science Photo Library/Martin Bond: 33or/Charlotte Raymond: 63or; Tony Stone Worldwide/Peter Dean: 35or/Beverly Factor: 38ml/Gary Holscher: 38ol/Hilarie Kavanagh: 30ml; Telegraph Colour Library/Jon Arnold: 38u; Zefa Pictures: 25ol, 40ul, 42oml, 48ml/APL: 51ol/F. Damm: 27or/T. Lancefield: 55or/Stockmarket/ Russel Munson: 19or/Tortoli: 19uml.

Zusätzliche Fotos:
Jon Bouchier (S.45); Gordon Clayton (S.2); Andrew McRobb von Kew Gardens (S.30–31); Nick Nicholls vom British Museum (S.6–7, 28, 47).